全球生物固碳技术发展与专利保护

中国科学院武汉文献情报中心标准分析研究中心　研发

魏　凤　黄开耀　周　洪　等　编著

ZHEJIANG UNIVERSITY PRESS
浙江大学出版社

"全球生物固碳技术发展与专利保护"研究组

组　　长：魏　凤　黄开耀

副 组 长：周　洪　王润发

主要人员：黄开耀　魏　凤　周　洪
　　　　　江　娴　王润发　潘　璇
　　　　　牛振恒　王　峰

序

气候变化是当今世界面临的最严峻的挑战之一，关系到人类生存与发展。应对气候变化涉及全球共同利益，事关我国未来发展和人民福祉。日益趋紧的国际国内减排压力已严重影响我国能源安全、经济发展和民生改善。为了提高应对气候变化能力、推动绿色经济和低碳发展，兼具碳减排和经济效益的 CO_2 生物固碳技术成为最佳选择之一。

近年来，生物固碳技术受到越来越多的关注，它在控制 CO_2 排放的同时，可创造经济效益，其意义不仅在于抵消捕集 CO_2 过程中产生的额外成本，而且可为生物固碳技术的示范和推广提供知识、技术、政策法规基础以及宝贵的实践经验，更重要的是它本身也有可能成为保障能源安全、减排温室气体和促进低碳新业态孵化的一种可行的战略性技术选择。

本书以科技论文和专利为基础，对海洋固碳、藻类固碳、土壤固碳、森林固碳等主要固碳技术分别开展了分析研究。在科技文献分析方面，主要开展了全球和我国的生物固碳科技文献计量分析，从整体上把握生物固碳研究的发展态势；在技术专利研究方面，主要对生物固碳技术的全球专利技术领域、技术热点、国家 / 地区分布、机构分布、专利权人、发明人、关键技术、重点机构、保护区域等进行了研究。

　　本书的出版将为生物固碳领域研究方向的选择、核心技术专利的掌握、专利战略的布局、竞争策略的制定、应用市场的开拓等提供有价值的参考与建议，为我国发展低碳绿色技术提供较好的选择与支撑。

刘燕华

科技部原副部长 国务院参事
国家气候变化专家委员会主任

前　言

随着温室气体浓度的不断增加，全球气候变化已成为国际社会关注的热点问题。生物固碳在减缓气候变化、实现人类可持续发展方面具有重要意义，它作为目前最安全、有效、经济的固碳减排方式之一，已经引起了国际社会的普遍关注，逐渐成为众多学科和产业交叉研究的热点领域之一。开展全球和我国的生物固碳科技态势发展分析，并对海洋固碳、藻类固碳、土壤固碳、森林固碳等主要固碳技术专利进行研究，将为生物固碳领域研究方向的选择、核心技术专利的掌握、专利战略的布局、竞争策略的制定、应用市场的开拓等提供有价值的参考与建议。

生物固碳技术作为减排 CO_2 的技术，被认为是能有效推进全球可持续发展的绿色环保低碳技术。通过本书开展的全球生物固碳技术的文献调查和数据比对，笔者发现，1990 年，生物固碳研究尚处于起步摸索阶段，之后涉及学科不断扩展，研发不断深入，应用逐渐扩大，尤其在 2000 年后，生物固碳研发热点已经由以基础研究为重点向不同应用研究转变，呈现出较好的发展态势。具体表现如下。

（1）理论研究一直是国际生物固碳技术领域的重点方向，特别在 2000 年以后得到较大发展。生物的固碳减排能力与气候、土壤、生物量、有机物质等条件紧密相关，生物固碳理论包括光合作用、土壤呼吸、碳循环、生物降解等，这些也是最有可能支撑生物固碳领域获得突破性发现的方向。土壤呼吸、土壤碳、碳循环、涡流、生物降解、遥感、能量储存等理论也都是 2000 年或 2000 年以后被运用于生物固碳研究。

（2）自 1990 年至今，生物固碳研究获得快速发展，多学科不断融合交叉，研究主题不断扩展。目前，生物固碳研究主题已经从单纯的气候变化影响作用研究延展至包括各类生态系统的固碳机理、技术与潜力，碳储量分布、增长与评估，固碳减排的经济效益与价值，固碳管理，生物燃料等领域的研究。

（3）随着对气候变化认识的深入，从 2000 年开始，生物固碳研发活动猛增，研究热点不断发生变化。2000—2005 年，生物固碳研究热点主要为亚马孙热带雨林、北极苔原等生态系统的固碳潜力、浮游植物固碳机理和固碳量评价、源汇关系、各种碳储量分布和潜力模型等研究；2006—2010 年，生物固碳研究热点主要为碳预算方法、陆地植物固碳、土壤固碳过程和机理、土壤碳库评价、生态系统呼吸等研究；2010 年至今，生物固碳研究热点主要集中在微藻代谢机理、高固碳藻种选择与培育、生物燃料转化、生物炭的制备与影响机理、生物系统保护与管理、土壤呼吸等研究。

我国在生物固碳研发领域优势尚不明显，国际影响力不大，研发力量尚处于"跟随"位置。目前，一些经过长时间研究的生物固碳技术已经具备市场发展的技术基础，美国、澳大利亚等少数发达国家已经在生物培养技术、装备和产品生产方面发展相关产业，以达到减排、实现经济效益和促进新经济增长等多重目标。对此，我国应加快部署生物固碳研发领域，以免相关技术受制于人。具体建议如下。

（1）加强应用基础研究，重点研究提高生物固碳效率的方法、技术以及生物固碳应用技术等；重视基础理论和实践应用的结合，为推进生物固碳技术的应用提供科学依据，提高我国生物固碳技术领域的国际竞争力。

（2）统筹规划，积极部署生物固碳应用技术的研发示范项目，尤其要加大对固碳技术、方法和关键设备的研制投入，努力突破这些未来产业化发展的核心技术，以防产业关键核心技术受制于他国。

（3）通过顶层设计，建立生物固碳领域的"政－研－产－学"的联动机制。强化科技政策、产业政策、科研机构、产业界的联系，建立研发进展与产业需求的信息互通共享渠道，加强策划并提供"研－产"合作交流平台，有效促进科技成果向市场转化。

由于著者水平有限，对于生物固碳分析的理论与方法的研究尚不够系统和全面，书中疏漏与不当之处在所难免，恳请读者不吝赐教，以便进一步修改和完善。

魏　凤

2018 年 11 月于小洪山

目 录

第2章

全球生物固碳科技发展态势分析

——

第3章

中国生物固碳科技发展态势分析

——

第4章
海洋固碳技术专利分析　　　　　　　71
——

第5章

土壤固碳技术专利分析　　　　　　93

第6章

森林固碳技术专利分析　　　　　　113

第7章
藻类固碳技术专利分析 133

——

第8章

总结和启示　　　　　　　　169

——

索　引　　　　　　　　173

——

第1章 生物固碳的原理与分类

1.1 生物固碳概述

生物固碳（biological carbon sequestration）是指利用微生物和植物的光合作用，去除大气层中 CO_2 的技术[1]。固碳又称碳封存。随着温室气体浓度不断增加，全球气候变化已成为世界各国可持续发展的核心问题之一，受到国际社会的广泛关注。目前，生物固碳是国际科学界公认的固定 CO_2 成本最低且副作用最少的方法，已经引起了国际社会的普遍关注，成为众多学科交叉研究的热点领域之一。它可以提高生态系统的碳吸收与储存能力，在减缓气候变化、实现人类可持续发展方面具有重要意义。

与非生物固碳相比，生物固碳采用光合作用等自然过程进行固碳，具有成本低、固碳快、风险低、监管易等优点，同时也存在封存量相对较小等不足。在封存过程方面，生物固碳利用光合作用等自然过程进行固碳，比非生物固碳采用的捕集、运输和注入等工程过程成本低；在储量方面，生物固碳量与非生物固碳量相比还有差距；在固碳时间方面，生物固碳能较快固定 CO_2，并能封存 25~30 年；在风险方面，生物固碳比非生物固碳具有优势，其对人体健康、环境等具有积极影响，且基本没有泄漏风险；

在监测方面，生物固碳采取的措施简单且经济。

自工业革命以来，随着大量化石能源使用、森林过度砍伐和草地开垦等造成 CO_2 等温室气体剧增，气候变化已成为世界各国关注的可持续发展的核心问题之一。大力推进经济社会发展与生态环境保护双赢的低碳经济是积极应对气候变化的战略举措。生物固碳作为目前最安全、有效、经济的固碳减排方式之一，在减缓气候变化以及可持续发展方面具有重要意义，已经引起了国际社会的普遍关注，逐渐成为众多学科和产业交叉研究的热点领域之一。此外，生物固碳在能源、资源方面也有重要意义。

我国现有生态系统巨大的碳储存潜力，将使生物固碳在我国温室气体减排中扮演重要的角色。同时，中国生态退化的现状，已经危及社会经济的可持续发展，迫切需要进行生态恢复和重建。生物固碳可以达到温室气体减排的目的，同时还可支持我国的生态建设。目前亟须就我国的实际情况，开展生物固碳的科学研究，进行生物固碳示范工程，探索出符合我国国情的生物固碳减排模式，实现地区生态效益和经济效益的双赢。

1.2 生物固碳途径

生物固碳主要通过高等植物和微生物的生物过程来进行。

高等植物主要通过光合作用进行固碳，包括 C_3 途径和 C_4 途径。C_3 植物与 C_4 植物光合作用的差异在于暗反应阶段：C_3 植物的 CO_2 固定及碳素同化途径均在叶肉细胞的叶绿体中进行；C_4 植物的 CO_2 固定先在靠近叶表面的叶肉细胞中进行，然后经 C_4 途径的四碳酸的转移，把 CO_2 运输到叶片内部维管束鞘细胞的叶绿体中，再进行卡尔文循环。

微生物固碳方式包括异养固定、自养固定和兼养固定。异养微生物以有机化合物作为碳源和能源，在自身代谢过程中固定少量的 CO_2。自养微生物利用光能或无机物氧化时产生的化学能同化 CO_2，构成细胞物质。兼养固定是微生物在利用光能吸收转化 CO_2 的同时，以有机碳作为补充碳源和能源的联合固定方式。固定 CO_2 的微生物种类如表 1.1 所示。

表 1.1　固定 CO_2 的微生物种类 [2]

碳源	能源	好氧 / 厌氧	微生物
CO_2	光能	好氧	微藻类、蓝细菌
		厌氧	光合细菌
	化能	好氧	氢细菌、硫化细菌、铁细菌、氨氧化细菌、硝化细菌
		厌氧	甲烷菌、醋酸菌

迄今已经发现的 CO_2 固定途径有五条 [3-4]，即卡尔文循环、还原性柠檬酸循环、厌氧乙酰辅酶 A 途径、3- 羟基丙酸循环和 3- 羟基丙酸 /4- 羟基丁酸循环，它们分布在不同种类的微生物中。其中，卡尔文循环与氧密切相关，是地球上陆地植物、藻类、蓝细菌等所有光合自养生物所采用的主要固碳途径。

1.2.1　卡尔文循环

卡尔文循环途径是卡尔文等借助 $^{14}CO_2$ 实验发现的光合作用碳同化途径，主要存在于绿色植物、蓝细菌、绝大多数光合细菌和全部好氧的化能自养菌中 [5]。其整个过程可分为三个阶段：羧化反应；还原反应；CO_2 受体的再生。核酮糖 -1,5- 二磷酸羧化酶 / 加氧酶（Rubisco）是卡尔文途径的关键酶。该途径参与各个生态系统的 CO_2 固定和初级产物的合成，是大气 CO_2 浓度的主要调控途径。整个卡尔文循环过程如图 1.1 所示。

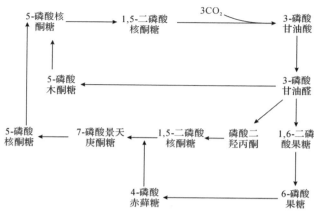

图 1.1　卡尔文循环

　　尽管 Rubisco 在一些需氧嗜盐古菌中的作用以及与主动固定 CO_2 是否相关联鲜为人知，但研究发现 Rubisco 在这些古菌中保持较高活性。许多不产氧的紫色光合生物利用卡尔文循环可由微需氧成长为需氧的化能有机异养生物。由此可见，氧（或硝酸盐）代谢与有机物利用卡尔文循环固定 CO_2 之间存在着密切的关系。

　　由于 Rubisco 的关键作用，一些学者也尝试利用基因工程手段改造 Rubisco，以期提高 CO_2 的固定效率。如杜翠红[6]以沼泽红假单胞菌（Rhodopseudomonas palustris ASl.2352）为受体菌，对其进行基因工程改造，构建了一个沼泽红假单胞菌／大肠杆菌的穿梭克隆载体。结果发现，在光合自养条件下，目的基因在工程菌中得到表达，其 CO_2 的固定能力提高了 1 倍[6]。刘培培[7]等通过在黄瓜内表达 Rubisco 基因，结果发现转基因植株中 Rubisco 基因的表达量为野生型的 1~1.98 倍，且其光合速率也较野生型高。Bar-Even[8]研究发现，Rubisco 在自然进化中已达到最优状态，通过分子改造提高其活性的潜力不大。

1.2.2　还原性柠檬酸循环

　　还原性柠檬酸循环途径于 1966 年由 Evans 提出，主要存在于一些古菌（热变形菌属、硫化叶菌属）及绿菌属和脱硫菌属中[9]。在该途径中，CO_2 的固定为逆向的三羧酸循环，多数酶与正向三羧酸循环途径相同，除了依赖于 ATP 的柠檬酸裂解酶。CO_2 通过琥珀酰辅酶 A 的还原性羧化作用被固定[10]。从草酰乙酸开始，经两分子 CO_2 加成与几步还原反应，形成柠檬酸；经柠檬酸裂解酶产生乙酰辅酶 A 及再生草酰乙酸，乙酰辅酶 A 用于生物合成。该途径每循环一次，就有 4 个 CO_2 被固定。其中 ATP- 柠檬酸裂解酶是该途径中的关键酶[11]。具体过程如图 1.2 所示。

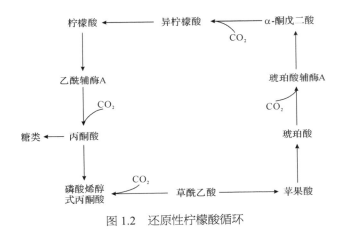

图 1.2　还原性柠檬酸循环

　　此循环是需氧生物体内普遍存在的代谢途径，是三大营养素（糖类、脂类、氨基酸）的最终代谢通路，同时也是它们代谢联系的枢纽。整个循环消耗的是乙酰辅酶 A，而 ATP- 柠檬酸裂解酶是产生乙酰辅酶 A 的唯一途径，除此之外，再无其他途径可以补充植物体所需的乙酰辅酶 A[12]。由此可见 ATP- 柠檬酸裂解酶在此途径中的关键作用。

　　自 ATP- 柠檬酸裂解酶被发现以来，许多学者对其酶学活性和功能等进行了大量研究，已取得了明显进展。研究发现：ATP-柠檬酸裂解酶在生物体中发挥重要作用，如生成胞间乙酰辅酶A、作为脂肪酸合成的调控酶、提高植物抗逆性、参与有性生殖的调节等；油菜含油量与ATP-柠檬酸裂解酶活性呈正相关关系；通过敲除ATP-柠檬酸裂解酶编码基因，黑曲霉产生琥珀酸的量比之前增加了3倍，有机酸也有明显增长；此外，解脂耶氏酵母的异柠檬酸裂解酶活性增加，柠檬酸产量显著增加[13-16]。

1.2.3 厌氧乙酰辅酶A途径

厌氧乙酰辅酶A途径是非循环式固定CO_2的机制，主要存在于乙酸菌、硫酸盐还原菌及产甲烷菌等化能自养的厌氧细菌和古生菌中[17]。该途径以H_2为电子供体，通过两个反应分别把CO_2还原成甲基和羧基，再一起形成乙酸，它比通过复杂的卡尔文循环更经济快捷。因此这条途径可能是生命形成初期重要的有机物合成方式。整个途径的关键酶是CO脱氢酶，催化CO_2还原为CO[18]。具体过程如图1.3所示。

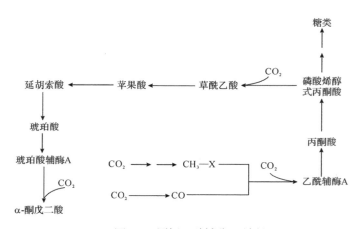

图1.3 厌氧乙酰辅酶A途径

CO脱氢酶作为该途径中的关键酶，含有金属Ni和Fe所组成的多达

7 个金属簇中心，它能催化 CO 氧化成 CO_2，同时又能催化 CO、甲基和辅酶 A 生成乙酰辅酶 A，故被称为 CO 脱氢酶 / 乙酰辅酶 A 合成酶（ACS）的双功能酶，是厌氧菌利用 CO、CO_2 和 H_2 发酵产生有机酸与醇类的关键酶。由于 CO 脱氢酶对氧极其敏感，纯化难度较大，因此对该酶的研究具有一定的难度。陈孚江等[19]对来源于酿酒酵母的乙酰辅酶 A 合成酶基因 ACS1 和 ACS2 分别进行过量表达，结果表明增加胞内乙酰辅酶 A 的含量可以显著增加甲羟戊酸途径碳代谢流量，并增强酿酒酵母对发酵过程主要副产物乙醇的耐受能力。随后，刘奕等[20]对 CO 脱氢酶 / 乙酰辅酶 A 合成酶每个金属中心的结构、功能和该酶可能的催化反应机理等方面做了全面的详细研究，并通过分子生物学手段得到了 80% 以上纯度的该蛋白，为以后对该酶基因进行更深入的研究奠定了基础。

含有 CO 脱氢酶的微生物所催化的反应与植物的光合作用一起共同维持着地球表面的大气碳循环。据统计，每年被含有 CO 脱氢酶的微生物消耗掉的 CO 多达 108t[21]。存在于该途径中的一些生物种类（产乙酸菌、产甲烷菌等），能依靠 CO/CO_2 和 H_2 作为碳源和能源，进行物质和能量代谢。因此，可以通过该途径利用微生物的固碳来达到产乙醇和甲烷的目的。

1.2.4 3- 羟基丙酸循环

3- 羟基丙酸循环途径是在绿弯菌中发现的[22]。它由两个偶联的循环过程共同完成 CO_2 的固定，该固碳途径通过乙酰辅酶 A 的羧基化作用，以 3- 羟基丙酸和丙酰辅酶 A 作为特异性的中间体循环过程中的再生 CO_2 受体。所涉及的酶类大多是多功能酶，包括乙酰辅酶 A 羧化酶和丙酰辅酶 A 羧化酶，以及催丙二酸单辅酶 A 还原酶、L2 苹果酰辅酶 A/β -2 甲基苹果酰辅酶 A 裂合酶等，这些多功能酶在其他自养 CO_2 固定途径中并不常见，且没有一种是耐氧的。循环过程中，乙酰辅酶 A 经羧化反应转化成 3- 羟基丙酸，再进一步羧化，最终转化成苹果酰辅酶 A。经苹果酰辅酶 A 裂解酶裂解，苹果酰辅酶 A 分解成乙酰辅酶 A 和乙醛酸，乙醛酸经特定途径进入细胞合成。3-羟基丙酸途径可能只适用于绿屈挠菌和一些古菌。具体过程如图 1.4 所示。

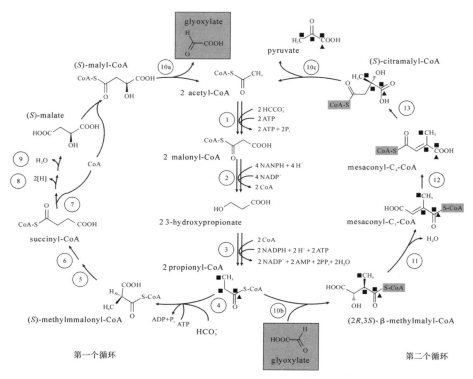

图 1.4   3-羟基丙酸循环途径[23]

注：在第一个循环中，两分子以碳酸氢根形式存在的 CO2 被固定，形成初级产物乙醛酸。在第二个循环中，乙醛酸和丙酰辅酶 A 缩合形成 β-甲基苹果酰辅酶 A，最后形成丙酮酸，并且再生出乙酰辅酶 A。

画圈的数字表示酶（后同），其中涉及的酶如下。1：乙酰辅酶 A 羧化酶；2：丙二酰辅酶 A 还原酶；3：丙酰辅酶 A 合成酶；4：丙酰辅酶 A 羧化酶；5：甲基丙二酰辅酶 A 异构酶；6：甲基丙二酰辅酶 A 变位酶；7：琥珀酰辅酶 A：L-苹果酸辅酶 A 转移酶；8：琥珀酸脱氢酶；9：延胡索酸水合酶；10a、10b、10c：苹果酰辅酶 A/β-甲基苹果酰辅酶 A 裂合酶／柠苹酰辅酶 A 裂解酶；11：β-甲基丙二酰辅酶 A 脱氢酶；12：mesaconyl 辅酶 A C1-C4 辅酶 A 转移酶；13：mesaconyl C4 辅酶 A 水合酶。

3-羟基丙酸循环途径作为一种新类型的自养固碳途径，具有与其他固碳途径不同的鲜明特点：它是一个双循环偶联的代谢过程；途径中涉及 19

步反应，但只需 13 种酶，其中包括几个多功能酶，这在其他的自养途径中并不常见；途径中的关键中间产物 3- 羟基丙酸在生物代谢过程中的功能尚待阐明。

　　这样一种新型的固碳途径，势必会引起众多学者对研究的兴趣。该途径在生物种类上，是否只有以嗜热光全绿丝菌（*Chloroflexus aurantiacus*）为代表的这类光合细菌中存在这样的固碳方式？在生物进化过程中这种途径有什么重要的意义？诸如此类的问题促使许多科学家在其他生物中展开了研究。最新的研究发现，许多自养的细菌、古生菌和以嗜热光全绿丝菌为代表的光合细菌一样常常生长在营养贫瘠的水环境中，为了生存，它们利用微量的有机化合物和溶解在水中的 CO_2 作为碳素的来源，进行一种混合营养生长。2011 年，Zarzycki 等 [24] 发现许多微生物利用了全部或部分 3- 羟基丙酸循环固碳途径来吸收环境中可供利用的各种有机小分子物质。更多生物的全基因组测序的完成将有助于解开这种新型固碳途径的进化历程 [25]。此外，王洪杰等 [26] 就该固碳途径的发现、反应机理及其理论意义等做了全方位的探讨，并肯定了其应用前景。

　　3- 羟基丙酸是一种无色无味的油状液体，可以与水、醇、醚等多种有机溶剂互溶，是近年来兴起的一种重要的化学中间体，可以用来合成许多重要的化工产品（如丙烯酸、丙二酸和 1,3- 丙二醇等），是世界上最具开发潜力的化工产品之一。目前国内外还没有直接利用 3- 羟基丙酸循环途径来进行工业生产的报道，但随着化石能源的逐渐消耗和枯竭，可以相信 3- 羟基丙酸途径的研究必定会为利用生物法生产这些高价值化工品提供丰富的理论背景。

1.2.5　3- 羟基丙酸 /4- 羟基丁酸循环

　　3- 羟基丙酸 /4- 羟基丁酸循环途径是 2007 年 Berg 等发现的固碳途径，

且一般认为此途径是金属球菌（Metallosphaera）的主要固碳途径。采用这条路线的，都是微好氧菌或严格的厌氧菌。在该途径中，部分的反应中间体和 3- 羟基丙酸途径相同；不同的是，乙酸盐和两个 CO_2 分子，经过 3- 羟基丙酸盐，合成琥珀酰辅酶 A。但两条路线所涉及的酶，在种系发育上无关，显示了趋同进化。循环中涉及的关键酶 4- 羟基丁酰辅酶 A 脱水酶对氧敏感。具体过程如图 1.5 所示。

1.3　生物固碳技术分类

目前，生物固碳作为提高生态系统的碳吸收与储存能力的技术，在减缓全球气候变化、实现人类可持续发展方面具有重要意义。从生物固碳技术分类的角度来看，生物固碳技术主要包括海洋固碳、陆地固碳、次生碳酸盐、生物能源固碳四大类。海洋固碳主要通过海洋生物进行固碳；陆地固碳包括森林固碳、草地固碳、湿地固碳和土壤固碳等，其中土壤固碳、森林固碳是较常用的陆地固碳技术；次生碳酸盐封存主要指土壤风化形成的碳酸盐，但目前研究还较少；生物能源固碳主要是利用种植能源作物、微生物（主要是微藻）将无机碳转化为氢、高级不饱和烷烃和油脂等有用的物质能源。海洋固碳、陆地固碳（土壤固碳、森林固碳）、生物能源固碳（微藻固碳）是最主要的固碳技术，本书的第 4~7 章将围绕这些技术开展具体的专利分析。

1.3.1　海洋固碳

海洋沉积物是全球碳的重要源与汇，在碳循环中起着重要作用。在海洋中，有多种生物学过程固碳。海洋固碳，是指通过海洋"生物泵"的作

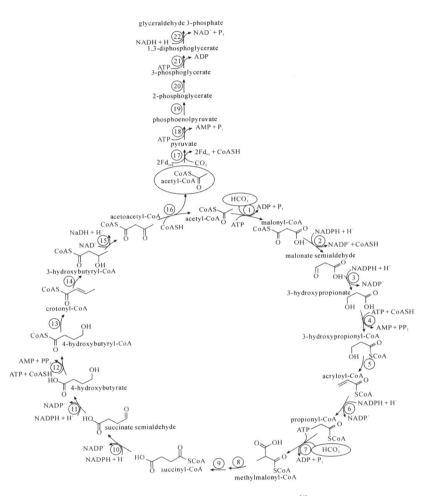

图 1.5　3- 羟基丙酸 /4- 羟基丁酸循环 [4]

注：上述循环中所涉及的酶如下。1：乙酰辅酶 A 羧化酶；2：丙二酰辅酶 A 还原酶；3：丙二酰半醛还原酶；4：3- 羟基丙酸辅酶 A 合酶；5：3- 羟基丙酸辅酶脱氢酶；6：丙烯酰辅酶 A 还原酶；7：丙酰辅酶 A 羧化酶；8：甲基丙二酰辅酶 A 异构酶；9：甲基丙二酰辅酶 A 变位酶；10：琥珀酰辅酶 A 还原酶；11：琥珀酸半醛还原酶；12：4- 羟丁酰辅酶 A 合酶；13：4- 羟丁酰辅酶 A 脱氢酶；14：巴豆酰基辅酶 A 水合酶；15：3- 羟丁酰辅酶 A 脱氢酶；16：乙酰乙酰基辅酶 A β- 酮硫酶；17：丙酮酸合酶；18：磷酸烯醇式丙酮酸合酶；19：烯醇酶；20：磷酸甘油酸变位酶；21：3- 磷酸甘油酸激酶；22：甘油醛 3- 磷酸脱氢酶。

用进行固碳，即由海洋生物进行有机碳生产、消费、传递、沉降、分解、沉积等系列过程，从而实现"碳转移"。浮游植物的光合作用是一种重要的方法，每年固碳约45Pg[27]（1Pg=10^{15}g）。浮游植物形成的某些特定有机物沉淀在海底，从而达到固碳。近海养殖大型经济藻类的人为固碳可吸收包括碳在内的多种生源要素，在海洋固碳中也起一定作用，海藻（主要为经济海藻）经采收后在陆地上被利用，这样可从海水中"取出"大量的碳。此外，还有海岸带植物群落固碳[28]、贝类通过碳酸钙泵固碳[29]等。

海洋吸收CO_2的已知机制主要包括溶解度泵（solubility pump）、碳酸盐泵（carbonate pump）和生物泵（biological pump）。溶解度泵的原理在于CO_2在海水中达到化学平衡以及进行物理输运，尤其是低温和高盐造成的高密度海水在重力作用下携带通过海气交换所吸收的CO_2输入到深海，进入千年尺度的碳循环，构成了海洋储碳。与溶解度泵相关联的碳酸盐泵主要基于海水CO_2体系平衡和碳酸盐析出及沉降。值得注意的是，碳酸盐析出会放出等当量的CO_2，只有碳酸盐的沉积才构成储碳。生物泵指的是海洋中有机物生产、消费、传递等一系列生物学过程，以及由此导致的颗粒有机碳（particulate organic carbon，POC）由海洋表层向深层乃至海底转移的过程。这个过程由浮游植物光合作用开始，沿着食物链从初级生产者逐级向高营养级传递有机碳，并产生POC沉降，从而将一部分碳封存在海洋中，长期不参与大气CO_2循环，起到"海洋储碳"的作用。

近海生物固碳主要通过浮游植物的初级生产过程来实现，生物固碳速率除受控于初级生产力水平之外，还主要取决于生源颗粒物向真光层之外的传输，即海洋生物泵的强度和效率。根据对海气CO_2交换的影响，生物泵分为两类：①以真核微藻和蓝细菌等光合自养的浮游植物进行光合固碳形成有机物质；②以颗粒有机碳形式输入到海水深层。大多数输入的有机物质在海水次表层被再矿化为无机碳，只有一小部分被埋藏到沉积物中，这就是有机碳泵（海洋生物碳汇）。钙化浮游植物如颗石藻外壳碳酸钙的沉降会增加海水表层稳态 CO_2 浓度，从而促进 CO_2 向大气释放，这与上述过程正好相反，这就是碳酸盐泵（海洋生物碳源）。这两个过程的相对强度一定程度上决定了由生物调节的海 – 气 CO_2 通量。

通过海洋施肥也可以对生态系统进行固碳。海洋系统中铁的吸收率是限制浮游植物生长的因素，通过向海洋投放微量营养素（如铁）和常量营养素（如氮和磷），来加速海洋生物泵的过程，以此增加海洋对大气 CO_2 的吸收和封存。主要原理是通过增强浮游植物的光合作用来增加其产量，然后借助生物链扩增使 CO_2 向有机碳转化，再通过有机碳的重力沉降、矿化等作用实现固碳。但是，目前对海洋施肥还存在着争议[30]。

1.3.2　陆地固碳

陆地固碳是指森林、草原、农田等吸收大气中的 CO_2 并将其固定在植被或土壤中。由于光合作用和有机物中的 CO_2 储存，陆地生态系统构成了一个重要的碳汇，在全球碳循环中发挥着重要作用。陆地固碳主要包括森林固碳、草地固碳、湿地固碳和土壤固碳。据估算，陆地碳汇中约有一半（ $1146 \times 10^9 t$ ）储存在森林生态系统中，其中植物占 $359 \times 10^9 t$ （约 1/3），土壤占 $787 \times 10^9 t$ （约 2/3）[31]。陆地封存往往会有众多的附带利益（如土壤水质的改善、退化生态系统的恢复以及作物产量的提高），并且不会带来风险，通常被认为是双赢策略[32]。

（1）森林固碳

森林生态系统储存的碳通常是木质素和其他相关的碳的聚合物。目前，森林生态系统每年固碳约（ 1.7 ± 0.5 ） Pg[33]。温带和热带森林管理是 2050 年稳定大气中 CO_2 浓度在 550ppm 的 15 个方法之一[34]。森林储存的碳不仅存在于采伐的木材中，还存在于木质碎片、木制品和其他植物中。在多年生草本植物中， C_4 植物的固碳速率比一般的 C_3 植物要高， C_4 植物和豆科植物的功能群组可以将生态系统的固碳效率提高 5~6 倍[35]。虽然森林生态系统可以累积大量的碳，但本身却不太稳定，容易受到火、昆虫、疾病的干扰。

森林固碳总量取决于两个因素：森林面积和碳密度。因此，增加森林固碳总量有两种途径：①增加森林面积，包括造林与再造林以及避免毁林；②增加碳密度，包括避免森林退化以及采取可持续性的经营活动[36]。

目前植树造林被认为是森林固碳的比较可行的方法。Fang 等[37] 估计，1970—1998 年，中国因为植树造林每年增加的森林固碳为 21Tg（$1Tg=10^{12}g$）。我国的森林起着一个轻微的碳汇的作用[38]。然而，大规模的植树造林会影响水资源。有学者记录了植树造林造成的水流流失、土壤盐化和酸化。植树造林还可能影响生物多样性，Bunker 等[39] 发现热带森林单一植物面积的扩大降低了生物多样性。

（2）草地固碳

草地作为陆地生态系统的重要组成部分，不仅可以提供草产品、保持水土和维持生物多样性，还可以通过光合作用吸收大气中的 CO_2。草地地上部分和地下部分总的碳储量约占全球陆地生态系统的 1/3[40]，仅次于森林生态系统，对改善全球气候变暖具有重要作用和积极意义。草地生态系统对于调节大气中的温室气体含量具有双重意义：①草地质量的改善可以提高草地生产力，同时也可以提高草地对 CO_2 的吸收和储存能力；②草地退化不仅会降低草地吸收 CO_2 的能力，还会释放储存在草地土壤中的有机碳，进一步加剧温室效应。

草地上的植被为 CO_2 主要吸收者，通过光合作用吸收大气中的 CO_2，同时释放出氧气。吸收的 CO_2 以有机碳的形式储存于植物体，分别存于地表植被和地下的根部。地表植被有一部分被牲畜和其他野生动物食用，还有一部分萎败成为枯草和枯枝落叶而将碳储存于草地表面。这些萎败的植被有一部分直接被分解，将碳回归于大气中，另一部分则被分解为土壤有机质。而土壤有机质所储存的碳有一部分也会直接分解、散失而将碳回归于大气中，另一部分存留于土壤中。这样就形成了大气－草地植被－土壤－大气整个草地生态系统的碳循环。

可见，草地生态系统有机碳含量对大气中 CO_2 的浓度有着重要的影响。Prentice 等[41]认为，全球草地、苔原、灌木草地、稀树草原约占整个陆地生态系统碳储量的 29%~31%。在一定时期内，草地的碳净吸存量取决于草地的植被对 CO_2 的吸收以及萎败的枯草、枯枝落叶和土壤中有机质分解释放的碳的量。因此，如果草地质量得到恢复和提高，草地吸存的碳大于其释放的碳，则草地具有碳汇功能；反之，如果草地退化，则草地也会成为一个巨大的碳源，不利于控制温室气体排放和缓解气候变暖的目标实现。

目前人工种草、退耕还草与草场围栏封育、禁牧休牧被认为是最有效的草地治理措施，这些措施可以极大地改善和恢复草地的固碳能力。

（3）湿地固碳和土壤固碳

湿地和土壤或有机土构成了一个庞大的碳汇，湿地和土壤对 CO_2 的封存量约为 450Pg[42]。湿地土壤中含有的碳可能是相关植被中的 200 倍[43]。在全球碳循环中，土壤碳汇是森林和其他植被碳汇的 5 倍，是大气碳汇的 3 倍[44]。土壤碳库中 60% 的碳是以有机质的形式存在于土壤之中的。Lal[45]估计了全球土壤有机碳（soil organic carbon，SOC）的封存潜力为每年 0.4~1.2Pg，约为全球化石燃料排放的 5%~10%。农田土壤固碳是《京都议定书》认可的有效减排途径，拥有巨大的固碳潜力。

土壤固碳主要是通过提高有机质含量来实现的。有机质的重要组成成分是腐殖质，它是有机碳的稳定形态。团聚体形成作用被认为是最重要的土壤碳固定机制，矿物微粒通过团聚把腐殖质包围起来，形成稳定的状态而使其不被降解[46]。土壤活体微生物和土壤根系在碳储存方面也起着非常重要的作用[47]。土壤粒子被土壤微生物产生的多糖和真菌菌丝以及蚯蚓等动物的活性物质胶粘在一起，形成团聚体。植物根系除了生物量碳外，还通过持续不断地释放分泌液和根细胞的崩解为土壤提供与生物量碳相当的碳量，根系中碳在土壤中的滞留时间是植物茎叶的 2 倍[48]。

土壤中的所有碳最初都来源于大气，而后通过植物光合作用进入植物体。一旦植物体脱离植株（如成为枯枝落叶），就会作为新鲜的有机物被土壤微生物分解。蚯蚓和其他大型无脊椎动物完成最初的新鲜有机物溃解，接着是真菌和其他微生物，新鲜有机物降解后的最终产物是腐殖质。这是一种稳定的有机胶体混合物，它经历了一些消化过程，因此含有更高比例的有机混合物（如木质素）而不易被分解掉。腐殖质在几年内释放出大部分碳到大气中，但是部分有机物能够抵御微生物分解，仍然保存于土壤中，一般能够保存几百年至几千年时间，形成土壤碳汇。土壤腐殖质水平代表着土壤中根本的碳储存水平。相对于其他有机复合物，腐殖质水平变化较慢。由于有机物是所有腐殖质的来源，土壤中的有机物越多，土壤中碳水平就越高。

土壤固碳过程及其机理，涉及生态学、土壤化学、土壤微生物学等多学科交叉研究，是固碳科学的难点和重点。人类活动加速了土壤有机质的损失，这包括耕作、生物质燃烧、残落物移除、灌溉、肥料投入、没有或很少在轮作循环中采用覆被作物等。土壤状况影响腐殖质的产生，而土壤状况又取决于农业管理系统。土壤腐蚀过程受到氮、磷、钾及其他土壤腐殖质的影响，可以通过增加氮和生物碳的使用提高土壤的固碳能力[49-50]。应用粪肥和有机改良剂也是提高土壤固碳能力的重要办法，使用有机粪肥比使用化学肥料有更高的固碳率[51-52]。多样性种植系统中的土壤比单一种植系统的土壤有更高的碳汇[53]。此外，提高土壤固碳能力的方法还有保护性耕作、经常采用覆被作物来改善耕作制度、水分管理以及采用最佳管理措施等。在贫瘠土壤（如盐碱土壤、沙质土壤等）中施加混合菌群，将 CO_2 转化为微生物细胞和有机代谢物，既增加了土壤有机碳含量，提高了土壤肥力，同时也降低了大气中的 CO_2 含量。

1.3.3　次生碳酸盐

近年来，土壤碳储库日益受到关注，且有许多研究试图阐明土壤对全球碳循环的影响。尽管学界已经对土壤有机碳（SOC）库在全球碳循环中的地位及其随环境变化与农田生态变化的动态演变有所认识，但对土壤无机碳（soil inorganic carbon，SIC），尤其是以土壤发生性次生碳酸盐（pedogenic carbonate，PIC）（主要是方解石）形式存在的无机碳的研究相对较少。这种碳在陆地碳转移中的意义及在地球表层系统固碳中的地位还知之甚少。

次生碳酸盐是指在土壤风化成土过程中形成的碳酸盐（主要成分是$CaCO_3$），是干旱、半干旱地区土壤碳库的一个重要组成部分，比有机碳库大 2~5 倍[54-55]。

从地质时间尺度上讲，陆地表层碳酸钙是决定大气 CO_2 浓度的最重要的机制。陆地表层碳酸钙通过生物过程可以形成次生碳酸盐。次生碳酸盐浸入地下水是将土壤无机碳转入较不活跃的碳汇而进行的碳转移的方法，特别是在高质量水灌溉土壤中。次生碳酸盐在形成和周转过程中，不但可以固存大气中的 CO_2，还可以固存土壤有机碳分解产生的 CO_2，对大气 CO_2 调节以及全球干旱区域碳循环具有重要影响。由于讨论土壤碳库及其对地球表层生态系统过程中碳转移的贡献和对大气圈 CO_2 的影响时，通常没有考虑到这类碳酸盐的行为，因此，目前该方面的研究还比较少。

1.3.4　生物能源固碳

生物能源包括种植能源作物作为原料生产生物能源和利用微生物（主要是微藻）吸收固定将无机物转化为高级不饱和烷烃和油脂等有用的物质能源。

种植能源作物在两个不同但相关的方面涉及固碳：①土壤中的碳转化为能源作物；②大气中 CO_2 循环转化为以生物质为基础的生物燃料。选择适当的品种进行管理，专门作物（如杨树、柳树、柳枝稷、芒草等）生产的生物燃料能源可以将碳封存在土里，并抵消化石燃料排放量，减少大气中的 CO_2 和其他温室气体的含量。

微生物固碳制造新物质能源实际上是自养微生物通过光合作用或化能合成作用吸收和转化 CO_2，从而生成可以为我们所利用的新的物质能源。而藻类（主要是微藻）因具有光合效率高、生长周期短、生长速度快等特点，其固碳与生物能源技术被认为具有广阔的发展前景。

微藻固碳与生物能源技术是利用微藻吸收工、农业生产过程中排放的 CO_2 和其他废气，并通过其自身光合作用机制将 CO_2 转化为脂类、糖类、蛋白质等细胞组分。细胞中饱和脂类经一系列物理和化学过程将进一步转化为生物液体燃料（如生物柴油和生物航煤等），而多不饱和脂类、多糖和蛋白质等可作为营养素补充剂或饲料添加剂应用于食品、保健品及饲料行业。该技术实现了 CO_2 资源化利用，不仅可与沙荒地综合利用及工、农业废水治理相结合，实现工业化生态减排，而且可与农、牧、渔业相辅相成，形成区域性绿色循环经济，还兼顾了国家利益（CO_2 减排、能源安全和粮食安全）和地区效益。

利用微藻培养减排 CO_2 同时生产生物能源技术在西方国家早就被长期地探索和研究。1976—1998 年，美国能源部支持了一个历时 19 年、耗资 2505 万美元、旨在培养藻类减排 CO_2 并生产生物燃料的水生生物计划项目。该研究项目的最终结论是利用微藻生产生物柴油在技术上并没有障碍，但在经济上不可行，因此该技术被终止[56]。进入 21 世纪，石油价格一度大幅上扬，人们对未来化石能源供应短缺普遍感到担忧，再加上"使用化石能源导致全球气候变暖"的普遍认知渐入人心，微藻能源技术重新受到高度关注，多国政府、研究机构、高校与大公司等都纷纷投入巨资，以期占领战略制高点并实现技术垄断。2006 年，美国 GreenFuel Technology Corp 和 Arizona Public Service 两家公司在亚利桑那州建立了可与 1040MW 电厂烟气相连接的商业化系统，采用 GreenFuel 3D Matrix 微藻培养系统，成功地利用烟气中的 CO_2，大规模培养自养微藻，并将微藻转化为生物燃料[57]。奥巴马政府上台后，美国启动了绿色能源拉动经济增长的新计划，20 亿美元的投入中有 12 亿美元用于微藻生物能源技术研发。此外，美国 ExxonMobil 公司宣布给 Synthetic Genomics 公司投资 6 亿美元，发展微藻相关技术。

　　我国微藻固碳与生物能源技术研究起步较晚，但近几年随着国际趋势的推动和专家学者对该领域的关注，我国在这方面也取得了快速进展。我国自"十一五"开始布局以生物能源生产为目标的微藻能源研究，众多科研单位相继开展了高产油藻种的选育与改造、高效微藻光反应器、高密度培养、高效加工等技术研究工作，形成了如微藻光合 – 发酵诱导耦合培养技术、高效低成本杂交式反应器技术、高效薄层开放池培养技术、高效 CO_2 补碳技术、高效低成本湿藻油脂直接提取技术、高效生物柴油催化转化技术等一批特色创新技术。此外，中国石油、中国石化、新奥集团等企业也进入微藻生物能源技术领域，如新奥集团建成了国内规模最大的 11000L 多层管道式立体培养反应器。

　　因此，利用微藻光合效度高、生长速度快、抗逆性强等特点进行微藻固碳，是解决大气温室效应导致的一系列环境问题非常有前景的一项技术。微藻固碳研究不仅对探索微藻在大气生态系统中的调控作用具有重要的理论意义，而且在工业废气回收、生物能源及空气中 CO_2 浓度控制等方面具有非常广阔的应用前景。

1.4 小 结

生物固碳利用微生物和植物的光合作用，去除大气层中的 CO_2。它可以提高生态系统的碳吸收与储存能力，在减缓气候变化、实现人类可持续发展方面具有重要意义。目前，生物固碳是国际科学界公认的固定 CO_2 成本最低且副作用最少的方法。

本章概述了生物固碳的定义、特点和意义，系统地介绍了卡尔文循环、还原性柠檬酸循环、厌氧乙酰辅酶 A 途径、3- 羟基丙酸循环和 3- 羟基丙酸 /4- 羟基丁酸循环五条 CO_2 固定路径，介绍了海洋固碳、陆地固碳、次生碳酸盐、生物能源固碳四大类生物固碳技术。

参考文献

[1] Lal R. Carbon sequestration [J]. Philosophical Transactions of the Royal Society B: Biological Sciences, 2008, 363(1492): 815-830.

[2] 李天成, 冯霞, 李鑫钢. 二氧化碳处理技术现状及其发展趋势 [J]. 化学工业与工程, 2002, 19(2): 191-196.

[3] Tabita F R. The hydroxypropionate pathway of CO_2 fixation: fait accomplish [J]. Proceedings of the National Academy of Sciences of the United States of America, 2009, 106(50): 21015-21016.

[4] Berg I A, Kockelkorn D, Buckel W, et al. A 3-hydroxypropionate/4-hydroxybutyrate autotrophic carbon dioxide assimilation pathway in archaea [J]. Science, 2007, 318: 1782-1786.

[5] Calvin M. The path of carbon in photosynthesis [J]. Science, 1962, 135(3507): 879-889.

[6] 杜翠红. 沼泽红假单胞菌 Rubisco 基因的克隆与表达及其固定二氧化碳特性的研究 [D]. 辽宁 : 大连理工大学, 2003.

[7] 刘培培, 姜振升, 王美玲, 等. 黄瓜 Rubisco 活化酶基因 CsRCA 表达载体构建于遗传转化 [J]. 园艺学报, 2012, 39(5):869-878.

[8] Bar-Even A, Noor E, Lewis N E, et al. Design and analysis of synthetic carbon fixation pathways [J]. Proceedings of the National Academy of Sciences, 2010, 107(19): 8889-8894.

[9] Evans M C, Buchanan B B, Arnon D I. A new ferredoxin-dependent carbon reduction cycle in a photosynthetic bacterium [J]. Proceedings of the National Academy of Sciences of the United States of America, 1966, 55(4): 928-934.

[10] Buchanan B B, Arnon D I. A reverse KREBS cycle in photosynthesis: consensus at last [J]. Photosynthesis Research, 1990, 24: 47-53.

[11] Aoshima M. Novel enzyme reactions related to the tricar-boxylic acid cycle: phylogenetic/functional implications and biotechnological applications [J]. Applied Micmbiology and Biotechnology, 2007, 75(2): 249-255.

[12] Fatland B L, Nikolau B J, Wurtelea E S. Reverse genetic characterization of cytosolic acetyl-CoA generation by ATP-citrate lyase in Arabidopsis [J]. Plant Cell, 2005, 17(1): 182-203.

[13] 刘家仪, 李杨瑞, 杨丽涛. ATP- 柠檬酸裂解酶研究进展 [J]. 南方农业学报, 2014, 45(2): 204-208.

[14] 王树源, 陈健美, 戚维聪, 等. 双低油菜品系含油量与 AcL 酶活性的相关性分析 [J]. 中国油料作物学报, 2009, 31(3): 279-284.

[15] Meijier S, Nielsen M L, Olsson L, et al. Gene deletion of cytosolic ATP: citrate lyase leads to altered organic acid production in *Aspergrllus niger* [J]. Journal of Industrial Microbiology and Biotechnology, 2009, 36:1275-1280.

[16] Liu X Y, Chi Z, Liu G L, et al. Both decrease in ACL1 gene expression and increase in ICL1 gene expression in marine-derived yeast *Yarrowia lipolytica* expression INU1 gene enhance citric acid production from inulin [J]. Marine Biotechnology, 2013, 15(1): 26-36.

[17] Ljungdahl L, Wood H G. Total synthesis of acetate from CO_2. I. Comethylcobric

acid and CO-(methyl)-5-methoxybenzimidizolylcobamide as intermediates with *Clostridium thermoaceticum* [J]. Biochemistry, 1965, 4: 2771-2780.

[18] Ragsdale S W, Pierce E. Acetogenesis and the Wood-Ljungdahl pathway of CO_2 fixation [J]. Biochem Biophys Acta, 2008 (1784): 1873-1898.

[19] 陈孚江, 周景文, 史仲平, 等. 乙酰辅酶 A 合成代谢对酿酒酵母生理功能的影响 [J]. 微生物学报, 2010, 50(9): 1172-1179.

[20] 刘奕, 谭相时, 黄仲贤, 等. 乙酰辅酶 A 合成酶的金属中心结构、功能及其催化分子机理研究 [D]. 上海: 复旦大学, 2012.

[21] Bastian N R, Diekert G, Niederhoffer E C, et al. Nickel and iron exafs of carbon-monoxide dehydrogenase from *Clostridium thermoaceticum* strain dsm [J]. Journal of the American Chemical Society, 1988, 110(6): 5581-5582.

[22] Fuchs G. Alternative pathways of autotrophic CO_2 fixation [M]//Schlegel H G, Bowien B. Autotrophic Bacteria. Springer Verlag, 1989: 365-382.

[23] Zarzycki J, Brecht V, Müller M, et al. Identifying the missing steps of the autotrophic 3-hydroxypropionate CO_2 fixation cycle in *Chloroflexus aurantiacus* [J]. Proceedings of the National Academy of Sciences of the United States of America, 2009, 106(50): 21317-21322.

[24] Zarzycki J, Fuchs G. Coassimilation of organic substrates via the autotrophic 3-hydroxypropionate bi-cycle in *Chloroflexus aurantiacus* [J]. Applied and Environmental Microbiology, 2011, 77(17): 6181-6188.

[25] Tang K H, Barry K, Blankenship R E, et al. Complete genome sequence of the filamentous anoxygenic phototrophic bacterium *Chloroflexus aurantiacus* [J]. BMC Genomics, 2011, 12(1): 334.

[26] 王洪杰, 倪俊, 张怡, 等. 新型固碳途径——3- 羟基丙酸循环的研究进展 [J]. 微生物学通报, 2013, 40(2): 304-315.

[27] Falkowski P, Scholes R J, Boyle E, et al. The global carbon cycle: a test of our knowledge of earth as a system [J]. Science, 2000, 290(5490): 291-296.

[28] Duarte C M, Middelburg J J, Caraco N. Major role of marine vegetation on the

oceanic carbon cycle [J]. Biogeosciences, 2005, 2(1): 1-8.

[29] 张继红, 方建光, 唐启升. 中国浅海贝藻养殖对海洋碳循环的贡献 [J]. 地球科学进展, 2005, 20(3): 359-365.

[30] Johnson K S, Karl D M. Is ocean fertilization credible and creditable? [J]. Science, 2002, 296(5567): 467-468.

[31] Dixon R K, Brown S, Houghton R A, et al. Carbon pools and flux of global forest ecosystems [J]. Science, 1994, 263(5144): 185-189.

[32] Lal R, Follett R F, Kimble J M. Achieving soil carbon sequestration in the United States: a challenge to the policy makers [J]. Soil Science, 2003, 168(12): 827-845.

[33] Fan S, Gloor M, Mahlman J, et al. A large terrestrial carbon sink in North America implied by atmospheric and oceanic carbon dioxide data and models [J]. Science, 1998, 282(5388): 442-446.

[34] Pacala S W, Hurtt G C, Baker D, et al. Consistent land-and atmosphere-based US carbon sink estimates [J]. Science, 2001, 292(5525): 2316-2320.

[35] Fornara D A, Tilman D. Plant functional composition influences rates of soil carbon and nitrogen accumulation [J]. Journal of Ecology, 2008, 96(2): 314-322.

[36] 王玉海, 潘绍明. 金融危机背景下中国碳交易市场现状和趋势 [J]. 经济理论与经济管理, 2009(11): 57-63.

[37] Fang J, Chen A, Peng C, et al. Changes in forest biomass carbon storage in China between 1949 and 1998 [J]. Science, 2001, 292(5525): 2320-2322.

[38] 刘国华, 傅伯杰, 方精云. 中国森林碳动态及其对全球碳平衡的贡献 [J]. 生态学报, 2000, 20(5): 733-740.

[39] Bunker D E, DeClerck F, Bradford J C, et al. Species loss and aboveground carbon storage in a tropical forest [J]. Science, 2005, 310(5750): 1029-1031.

[40] Schuman G E, Janzen H H, Herrick J E. Soil carbon dynamics and potential carbon sequestration by rangelands [J]. Environmental pollution, 2002, 116(3): 391-396.

[41] Prentice I C, Farquhar G D, Fasham M J R, et al. The carbon cycle to the Third Assessment. Climate Change 2001: The Scientific Basis. WMO and UNEP Report

of the Inter government ental Panel on Climate Change [R]. 2001: 56-58.

[42] Warner B G, Clymo R S, Tolonen K. Implications of peat accumulation at Point Escuminac, New Brunswick [J]. Quaternary Research, 1993, 39(2): 245-248.

[43] Milne R, Brown T A. Carbon in the vegetation and soils of Great Britain [J]. Journal of Environmental Management, 1997, 49(4): 413-433.

[44] Lal R. Soil carbon sequestration to mitigate climate change [J]. Geoderma, 2004, 123(1): 1-22.

[45] Lal R. Agricultural activities and the global carbon cycle [J]. Nutrient Cycling in Agroecosystems, 2004, 70(2): 103-116.

[46] Six J, Elliott E T, Paustian K. Soil macroaggregate turnover and microaggregate formation: a mechanism for C sequestration under no-tillage agriculture [J]. Soil Biology and Biochemistry, 2000, 32(14): 2099-2103.

[47] Rasse D P, Rumpel C, Dignac M F. Is soil carbon mostly root carbon? Mechanisms for a specific stabilization [J]. Plant and Soil, 2005, 269(1-2): 341-356.

[48] Johnston A E, Poulton P R, Coleman K. Soil organic matter: its importance in sustainable agriculture and carbon dioxide fluxes [J]. Advances in Agronomy, 2009, 101: 1-57.

[49] Halvorson A D, Wienhold B J, Black A L. Tillage, nitrogen, and cropping system effects on soil carbon sequestration [J]. Soil Science Society of America Journal, 2002, 66(3): 906-912.

[50] Janzen H H, Campbell C A, Izaurralde R C, et al. Management effects on soil C storage on the Canadian prairies [J]. Soil and Tillage Research, 1998, 47(3): 181-195.

[51] Jenkinson D S, Adams D E, Wild A. Model estimates of CO_2 emissions from soil in response to global warming [J]. Nature, 1991, 351(6324): 304-306.

[52] Smith P, Powlson D, Glendining M, et al. Potential for carbon sequestration in European soils: Preliminary estimates for five scenarios using results from long-term experiments [J]. Global Change Biology, 1997, 3(1): 67-79.

[53] Drinkwater L E, Wagoner P, Sarrantonio M. Legume-based cropping systems have

reduced carbon and nitrogen losses [J]. Nature, 1998, 396(6708): 262-265.

[54] 黄成敏, 王成善, 艾南山. 土壤次生碳酸盐氧稳定同位素古环境意义及应用 [J].
地球科学进展, 2003, 18(4): 619-622.

[55] Eswaran H, Reich F, Kimble J M. Global soil carbon stocks [C]// Lal R, Kimble J
M, Eswaran H. Global climate change and pedogenic carbonates. Florida: Lewis
Publishers, 2000:15-26.

[56] Sheehan J, Dunahay T, Benemann J, et al. A Look Back at the U.S. Department of
Energy's Aquatic Species Program: Biodiesel from Algae. Close-out Report [R].
Golden, Colorado: National Renewable Energy Laboratory, 1998.

[57] 杨启鹏, 岳丽宏, 康阿青. 微藻固定高浓度 CO_2 技术的研究进展 [J]. 青岛理工
大学学报, 2009, 30: 69-74.

第 2 章　全球生物固碳科技发展态势分析

文献计量学是借助文献的各种特征数量，采用数学与统计学方法来描述、评价和预测学科技术的现状与发展趋势的图书情报学分支学科。本章从文献计量学角度分析了 2000—2014 年关于生物固碳的研究文献，以期从整体上了解生物固碳研究的国际发展态势，为我国相关领域研究工作者提供参考。

本章选取 Web of Science 核心数据库作为数据来源，选择美国 Thomson Reuters 公司开发的 Thomson Data Analyzer（TDA）分析工具以及 CiteSpace Ⅲ 作为处理软件。通过文献调研和专家咨询，构建了如下检索式：TS==((Biolog* OR ocean OR sea OR forest OR soil OR phytoplankton OR seaweed OR algae OR shell*) NEAR/20 ("carbon dioxide" OR "CO2" OR "carbon") NEAR/2 (sequestration OR fixation OR Storage OR transformation* OR mitigation* OR "emission reduction" OR sink)) OR TS=("Biolog* sequestration")。利用该检索式，选择文献类型为"Article"，语种为"English"，时间为"2000—2014 年"，检索得到生物固碳方面英语类相关科技论文 8846 篇（检索日期为 2015 年 3 月 9 日）。

2.1　国际生物固碳研究文献总体情况

2.1.1　论文数量及其变化趋势分析

就全球而言，生物固碳研究呈快速发展趋势（发文量的年度变化趋势见图 2.1）。根据发展速度的快慢，大致可以分成两个阶段：2000—2008年是平稳发展阶段，2009—2014 年是快速发展阶段。在后一阶段中，年均增长率为 14.5%，2014 年的论文达到 1244 篇。2007 年，联合国政府间气候变化专门委员会（Intergovernmental Panel on Climate Change，IPCC）发布了第四次评估报告；2009 年 12 月，联合国气候变化大会达成了《哥本哈根协议》（Copenhagen Accord），"共同但有区别的责任"原则已经成为国际社会加强应对气候变化合作的基本准则。这吸引了大量学者进一步投入到固碳、碳减排等研究中，促使生物固碳领域的文献迅速增加。

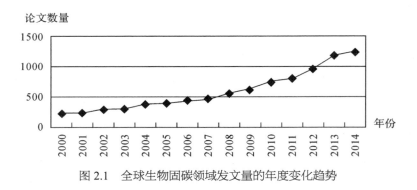

图 2.1　全球生物固碳领域发文量的年度变化趋势

就国家而言，美国起步较早，在生物固碳研究力量方面远远超过其他国家；中国 2009—2014 年发展迅速（见图 2.2）。2000—2009 年间，全球有 45.9% 的论文来自美国，且此阶段被引频次最高的 5 篇文章中有 3 篇来自美国，较早的起步奠定了美国在生物固碳领域的主导地位。中国是此领域发文量第二的国家，2009—2014 年在此领域的发展尤其迅速。德国也是生物固碳领域的先驱国家，其发文量仅次于美国和中国。2008 年德国政府发布《适应气候变化战略》[1]，促使德国各界对气候变化加大关注，更加坚定了减排、固碳的决心，德国在生物固碳领域的学术产出迅速增加。在生物固碳发文量前 20 位的国家中，仅有中国、巴西、印度三个发展中国家，其余均为发达国家，可见此领域发达国家明显强于发展中国家。

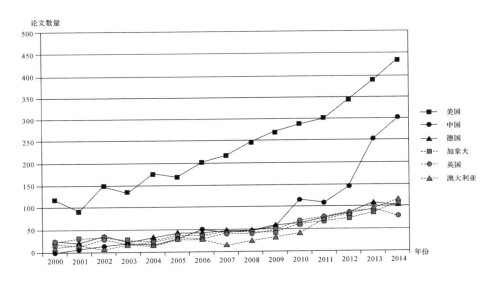

图 2.2　生物固碳领域发文量前 6 位国家的发文量年度变化趋势

2.1.2　文献分布分析

从学科分布角度，生物固碳研究具有广泛的学科交叉性，研究涉及的学科领域包括环境科学、生态学、土壤科学、地球科学综合、林学、大气科学、农学、植物科学、海洋学等（见图 2.3）。其中，环境科学有关生物固碳的研究文献最多，这一方面与国外的学科分类习惯有关，另一方面则是由于 20 世纪初温室气体浓度不断增加，全球变暖成为不争的事实，环境问题亟待解决，而生物固碳是目前最安全、最有效、最经济的固碳减排方式，必然成为环境科学领域重点关注的对象。

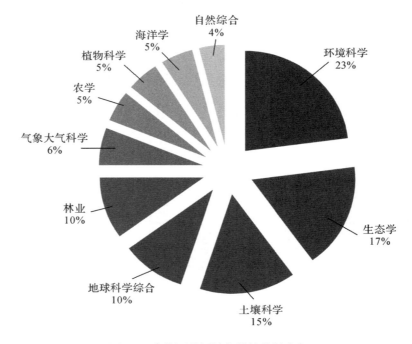

图 2.3　生物固碳领域文献的学科分布

从期刊分布角度，生物固碳领域的高产期刊多来自农林科学、环境科学、生态学领域（见表 2.1）。生物固碳领域发文量前 10 位的期刊的发文量占总发文量的 22.53%，这说明有关国际生物固碳研究的文献分布较分散。期刊的影响因子较高，表明它发表的论文被引用的平均次数较多，也即该期刊的影响力较大，在科学界的地位和受关注程度也较高。*Global Change Biology* 期刊的影响因子远远高于其他期刊，且发文量排名第二，该刊是生物固碳领域作者发表文章和关注的顶尖刊物。

表 2.1 生物固碳领域发文量前 10 位的期刊

期刊	出版国	文献数量	占总发文量比例	影响因子	期刊涉及的学科
Forest Ecology and Management	荷兰	348	3.934%	2.667	农林科学－林学
Global Change Biology	英国	322	3.640%	8.224	环境科学与生态学
Soil Biology Biochemistry	英国	229	2.589%	4.41	农林科学－土壤科学
Biogeosciences	德国	191	2.159%	3.375	环境科学－地球科学综合
Agriculture Ecosystems Environment	荷兰	179	2.024%	3.203	环境科学与生态学
Geoderma	荷兰	162	1.831%	2.509	农林科学－土壤科学
Global Biogeochemical Cycles	美国	162	1.831%	4.528	环境科学与生态学
Plant and Soil	荷兰	146	1.650%	3.325	农林科学－农艺学
Plos One	美国	132	1.492%	3.534	生物－生物学
Soil Tillage Research	荷兰	122	1.379%	2.575	农林科学－土壤科学

注：影响因子为 2014 年度影响因子。

2.2 生物固碳国际研究力量分析

2.2.1 主要作者分析

以前文所述方法和条件检索得到的 8846 篇文章，共涉及 24416 位作者（无重复计数）。可以通过作者在某个领域中的发文数量及其被引频次识别出该领域的核心作者。高产作者是从发文数量角度对研究人员在该领域知识贡献的肯定。高被引作者则是从质的层面对研究人员水平和学术影响力的肯定。根据检索结果统计得出生物固碳领域发文量前 20 位的作者（见表 2.2），其中美国 10 位，中国 4 位，英国 3 位，法国、德国、加拿大各 1 位。

表 2.2　生物固碳领域发文量前 20 位的作者

作者	国家	发文量	总被引频次	篇均被引频次	主要研究方向	该作者被引频次最高的文章及其被引频次
Lal R（Rattan Lal）	美国	104	3826	36.79	土壤固碳	Soil carbon sequestration impacts on global climate change and food security（1050）
Smith P（Pete Smith）	英国	50	1930	38.60	农业中碳减排	Similar response of labile and resistant soil organic matter pools to changes in temperature（286）
Yu G R（于贵瑞）	中国	40	357	8.93	生态系统碳通量、碳循环研究	CO_2 fluxes over an old, temperate mixed forest in northeastern China（45）
Paustian K（Keith Paustian）	美国	39	2333	59.82	土壤有机质动态、农业生态系统研究	Grassland management and conversion into grassland: Effects on soil carbon（396）
Six J（Johan Six）	美国	38	2076	54.63	通过生态系统管理减少温室气体排放、农田生态系统氮循环	Management options for reducing CO_2 emissions from agricultural soils（308）
Schlesinger W H（William H. Schlesinger）	美国	29	2726	94.00	土壤在全球碳循环中的作用	Soil respiration and the global carbon cycle（508）
Ciais P（Philippe Ciais）	法国	27	3496	129.48	农业中碳减排	Trends in the sources and sinks of carbon dioxide（595）
Luo Y Q（Yiqi Luo）	美国	25	759	30.36	森林、草原生态系统碳封存能力建模	Elevated CO_2 stimulates net accumulations of carbon and nitrogen in land ecosystems: A meta-analysis（188）
Peng C H（彭长辉）	中国	27	714	26.44	陆地生态系统碳循环和生态模型研究	Changes in forest biomass carbon storage in China between 1949 and 1998（430）
Schulze E D（Ernst-Detlef Schulze）	德国	27	2429	89.96	森林碳汇，包括森林碳汇的估算以及陆地碳汇的生物防治	Respiration as the main determinant of carbon balance in European forests（888）

作者	国家	发文量	总被引频次	篇均被引频次	主要研究方向	该作者被引频次最高的文章及其被引频次
Zak D R（Donald R. Zak）	美国	26	1705	65.58	生态系统碳氮循环、固碳机理	Progressive nitrogen limitation of ecosystem responses to rising atmospheric carbon dioxide（437）
Malhi Y（Yadvinder Malhi）	英国	25	2117	84.68	土壤在全球碳循环中的作用	Drought Sensitivity of the Amazon Rainforest（421）
Finzi A C（Adrien C. Finzi）	美国	24	1708	71.17	陆地生态系统碳储存、碳循环机理	Progressive nitrogen limitation of ecosystem responses to rising atmospheric carbon dioxide（437）
Li C S（李长生）	中国	24	715	29.79	陆地生态系统生物地球化学机理模型、预测农业生产活动与全球气候的相互反馈作用	Carbon sequestration in arable soils is likely to increase nitrous oxide emissions offsetting reductions in climate radiative forcing（127）
Asner G P（Gregory P. Asner）	美国	23	846	36.78	生态系统动力学与土地利用的变化	High-resolution forest carbon stocks and emissions in the Amazon（152）
Doney S C	美国	23	1912	83.13	生态系统动力学、土地利用的变化	Trends in the sources and sinks of carbon dioxide（595）
Black T A	加拿大	22	1088	49.45	森林生态系统碳封存及影响其封存能力因素的研究	Increased carbon sequestration by a boreal deciduous forest in years with a warm spring（184）
Huang Y（黄耀）	中国	22	516	23.45	陆地生态过程模拟、陆地生态系统对全球变化的响应与适应	The carbon balance of terrestrial ecosystems in China（241）
Phillips O L（Oliver L. Phillips）	英国	22	2563	116.50	热带森林地区生物多样性和碳动态	A Large and Persistent Carbon Sink in the World's Forests（583）

从量的角度看，发文量前五位作者分别为 Lal R、Smith P、Yu G R（于贵瑞）、Paustian K 和 Six J。其中，Lal R 来自美国俄亥俄州立大学，在他的领导下，该大学的环境与自然资源系主要围绕环境质量和可持续发展、食品安全、气候变化与土壤碳、土壤退化与恢复几个领域进行研究，固碳

的部分研究涉及土壤过程及温室效应、退化土壤的恢复与重建、保护性耕作等研究点。Smith P 来自英国阿伯丁大学，该大学与法国气候与环境科学实验室形成了以 Smith P 和 Ciais P 为核心的研究团队，该团队倾向于农业中碳循环、碳减排的研究，包括 CO_2 碳通量、碳减排潜力的评估、农业活动对碳减排的影响及其趋势评估等。于贵瑞来自中国科学院地理科学与资源研究所，在其带领下，该所形成了以于贵瑞、张雷明、孙晓敏等人为核心的研究团队，主要研究内容为陆地生态系统通量观测的理论和方法、生态系统通量的过程机理及其模拟分析、生态系统碳水循环及其管理等。加州大学戴维斯分校和科罗拉多州立大学之间合作密切，形成了以 Six J 和 Paustian K 为核心的研究团队，其研究主要涉及土壤有机质稳定机制、温室气体减排机制、农田和草地生态系统碳循环、农业生物能源生产对环境的影响评价等方面。

从质的角度看，篇均被引频次排名前五位的是 Ciais P、Phillips O L、Doney S C、Schlesinger W H 和 Schulze E D，他们的研究成果得到了学术共同体的广泛认可。其中，Ciais P 的研究主要涉及 CO_2 碳通量及碳量评估；Phillips O L 主要研究热带森林地区生物多样性和碳动态问题；Doney S C 主要研究海洋固碳、全球碳循环及数值模拟分析等方面；Schlesinger W H 主要关注土壤在全球碳循环中的作用问题；Schulze E D 主要研究森林碳汇，包括森林碳汇的估算以及陆地碳汇的生物防治等方面。

按第一作者统计，生物固碳领域发文量在 5 篇以上的作者如表2.3所示。其中美国 9 位，中国、澳大利亚、英国各 3 位，德国和土耳其各 1 位，这仍然显示出发达国家在生物固碳方面较强的研究力量。从发文量看，Lal R 和 Smith P 的发文量仍然处于前两位，而其余作者变动较大。按全部作者统计得出的另外 18 位作者在以第一作者身份发文方面稍显欠缺。从篇均被引频次看，排名前三位的是 Lal R（184.4次／篇）、Smith P（92.29次／篇）、Chan K Y（72.28次／篇），与按全部作者统计得出的结果相比，变动也很大。

特别是 Lal R 从 36.79 次 / 篇上升为 184.4 次 / 篇，Smith P 由 38.60 次 / 篇上升为 92.29 次 / 篇，这说明 Lal R 和 Smith P 作为第一作者所发文章的质量很高，值得关注。

表 2.3　生物固碳领域发文量 5 篇以上的作者（按第一作者统计）

排名	作者	国家	发文量	总被引频次	篇均被引频次	该作者作为第一作者且被引频次最高的文章及其被引频次
1	Lal R	美国	20	3688	184.4	Soil carbon sequestration impacts on global climate change and food security（1052）
2	Smith P	英国	17	1569	92.29	Greenhouse gas mitigation in agriculture（400）
3	Deng L	中国	10	12	1.2	Soil organic carbon storage capacity positively related to forest succession on the Loess Plateau, China（4）
	Seidl R	澳大利亚	10	223	22.3	Assessing trade-offs between carbon sequestration and timber production within a framework of multi-purpose forestry in Austria（58）
4	Sainju U M	美国	9	226	25.11	Long-term effects of tillage, cover crops, and nitrogen fertilization on organic carbon and nitrogen concentrations in sandy loam soils in Georgia, USA（92）
	Wang S Q	中国	9	172	19.11	Pattern and change of soil organic carbon storage in China: 1960s-1980s（25）
	Finzi A C	美国	9	553	61.44	Increases in nitrogen uptake rather than nitrogen-use efficiency support higher rates of temperate forest productivity under elevated CO_2（150）
	Li G	中国	9	49	5.44	Effects of Typhoon Kaemi on coastal phytoplankton assemblages in the South China Sea, with special reference to the effects of solar UV radiation（12）
	Chan K Y	澳大利亚	9	655	72.78	Agronomic values of green waste biochar as a soil amendment（287）

续　表

排名	作者	国家	发文量	总被引频次	篇均被引频次	该作者作为第一作者且被引频次最高的文章及其被引频次
5	Wright A L	美国	8	250	31.25	Soil carbon and nitrogen storage in aggregates from different tillage and crop regimes（53）
	Houghton R A	美国	8	1188	148.5	Revised estimates of the annual net flux of carbon to the atmosphere from changes in land use and land management 1850-2000（479）
6	Worrall F	英国	7	29	4.14	The flux of DOC from the UK--Predicting the role of soils, land use and net watershed losses（14）
	Gough C M	美国	7	276	39.43	Multi-year convergence of biometric and meteorological estimates of forest carbon storage（93）
	Sanderman J	澳大利亚	7	75	10.71	Accounting for soil carbon sequestration in national inventories: a soil scientist's perspective（25）
	Blanco-Canqui H	美国	7	322	46	No-tillage and soil-profile carbon sequestration: An on-farm assessment（159）
	Tschakert P	美国	7	182	26	Views from the vulnerable: Understanding climatic and other stressors in the Sahel（92）
7	Wiesmeier M	德国	6	53	8.83	Soil organic carbon stocks in southeast Germany (Bavaria) as affected by land use, soil type and sampling depth（30）
	Bhattacharyya R	英国	6	70	11.67	Long-term farmyard manure application effects on properties of a silty clay loam soil under irrigated wheat-soybean rotation（32）
	Keles S	土耳其	6	33	5.5	Long-term modelling and analyzing of some important forest ecosystem values with linear programming（14）

2.2.2　主要研究机构分析

将检索结果按研究机构进行统计，生物固碳领域发文量前 20 位的机构如表 2.4 所示。中国科学院的发文量远远超出其他机构，占中国总发文量的 54.08%，这表明中国的生物固碳研究机构较为集中。中国科学院的研究范围广泛，主要包括不同生态系统的固碳机理、碳储量分布与评估，生态系统服务功能，以及微藻固碳等。中国机构虽在发文量指标上有一定的优势，但在总被引频次、篇均被引频次等重要指标上均处于劣势，文章质量还有待加强，获取广泛认可还需要时间。发文量前 20 位的机构中，有 13 个来自美国，其总发文量占美国总发文量的 47.8%；只有中国科学院来自发展中国家。这进一步印证了美国在生物固碳领域的强大影响力，而发展中国家在生物固碳领域明显落后于发达国家。

表 2.4　生物固碳领域发文量前 20 位的机构

机构英文名称	机构中文名称	国家	发文量	占本国比例	占世界比例	总被引频次	篇均被引频次
CHINESE ACAD SCI	中国科学院	中国	656	54.08%	7.41%	7566	11.53
US FOREST SERV	美国林务局	美国	235	6.64%	2.66%	7710	32.81
OHIO STATE UNIV	俄亥俄州立大学	美国	177	5.00%	2.00%	6226	35.18
OREGON STATE UNIV	俄勒冈州立大学	美国	147	4.15%	1.66%	7048	47.95
COLORADO STATE UNIV	科罗拉多州立大学	美国	142	4.01%	1.60%	9158	64.49
UNIV CALIF BERKELEY	加州大学伯克利分校	美国	133	3.76%	1.50%	6516	48.99
UNIV FLORIDA	佛罗里达大学	美国	127	3.59%	1.44%	3594	28.30
USDA ARS	美国农业部农业研究院	美国	124	3.50%	1.40%	4254	34.31
OAK RIDGE NATL LAB	美国橡树岭国家实验室	美国	115	3.25%	1.30%	6607	57.45
DUKE UNIV	杜克大学	美国	113	3.19%	1.28%	8680	76.81
CSIC	西班牙最高科研理事会	西班牙	110	28.87%	1.24%	2458	22.35
UNIV WISCONSIN	威斯康星大学	美国	107	3.02%	1.21%	3417	31.93
MAX PLANCK INST BIOGEOCHEM	马普生物地球化学研究所	德国	101	12.50%	1.14%	3968	39.29
INRA	法国农业科学研究院	法国	99	19.00%	1.12%	4032	40.73
UNIV NEW HAMPSHIRE	新罕布什尔大学	美国	97	2.74%	1.10%	3695	38.09
SWEDISH UNIV AGR SCI	瑞典农业科学大学	瑞典	95	36.26%	1.07%	3785	39.84
UNIV BRITISH COLUMBIA	哥伦比亚大学	加拿大	90	12.31%	1.02%	4255	47.28
US GEOL SURVEY	美国地质调查局	美国	90	2.54%	1.02%	4265	47.39
UNIV MICHIGAN	密歇根大学	美国	87	2.46%	0.98%	4034	46.37
UNIV PARIS 06	巴黎第六大学	法国	86	16.51%	0.97%	4066	47.28

注：篇均被引频次 = 总被引频次 / 总论文数。

篇均被引频次排名前 5 位的分别为杜克大学、科罗拉多州立大学、美国橡树岭国家实验室、加州大学伯克利分校、俄勒冈州立大学。杜克大学在生物固碳领域的研究产出来自 Jackson 实验室，该实验室在 Jackson R B 和 Oren R 的带领下，主要从事碳、水和养分循环、植物和微生物生态学以及全球变化的基础研究与应用研究。科罗拉多州立大学的自然资源生态实验室以 Paustian K 为核心，在生物固碳领域的研究主要涉及农田和草地生态系统碳循环、农业生物能源生产对环境的影响评价、生态农业系统等方面。美国橡树岭国家实验室以 West T O 和 Post W M 为核心，专注于陆地生态系统在全球碳循环和气候变化中的作用。加州大学伯克利分校在 Silver W L、Torn M S 等的带领下，主要研究生态系统碳循环、土地利用对土壤碳库影响等方面的内容。俄勒冈州立大学的林业科学系主要关注生态系统进程，包括气候和干扰条件下碳、水循环，生态系统 CO_2 和水蒸气交换涡流协方差法测量的过程，以及生态系统流程建模等，该系的主力研究人员是 Law B E 和 Harmon M E。总体上该领域的研究机构主要来自各大高校和科研机构，并且都是在某几个核心人物的带领下围绕某几个方向开展研究。

为了进一步了解中国各机构在生物固碳领域的国际影响力，表 2.5 列出了生物固碳领域国际发文量前 20 位的中国机构。从发文量来看，中国科学院的发文量远远超过其他中国机构，其发文量占中国总发文量的 54.08%，其余机构主要分布于农林类大学，以及北京大学、厦门大学、南京大学等综合性大学。从篇均被引频次看，排名前三位的中国机构为北京大学（36.55 次 / 篇）、南京农业大学（25.49 次 / 篇）、中国林业大学（21.34 次 / 篇），它们的学术影响力较强，但与国际机构相比仍显不足。

表 2.5　生物固碳领域国际发文量前 20 位的中国机构

机构英文名称	机构中文名称	发文量	占本国比例	总被引频次	篇均被引频次
CHINESE ACAD SCI	中国科学院	656	54.08%	7566	11.53
UNIV CHINESE ACAD SCI	中国科学院大学	81	6.68%	120	1.48
PEKING UNIV	北京大学	62	5.11%	2266	36.55
NANJING AGR UNIV	南京农业大学	57	4.70%	1453	25.49
BEIJING NORMAL UNIV	北京师范大学	55	4.53%	435	7.91
CHINESE ACAD FORESTRY	中国林业大学	44	3.63%	939	21.34
CHINESE ACAD AGR SCI	中国农业科学院	45	3.71%	437	9.71
XIAMEN UNIV	厦门大学	46	3.79%	736	16.00
NORTHWEST A F UNIV	西北农林科技大学	35	2.89%	45	1.29
BEIJING FORESTRY UNIV	北京林业大学	35	2.89%	45	1.29
CHINA AGR UNIV	中国农业大学	34	2.80%	418	12.29
NANJING UNIV	南京大学	30	2.47%	164	5.47
ZHEJIANG UNIV	浙江大学	30	2.47%	224	7.47
NW A F UNIV	西北农林大学	22	1.81%	276	12.55
TSINGHUA UNIV	清华大学	20	1.65%	124	6.20
ZHEJIANG A F UNIV	浙江农林大学	19	1.57%	73	3.84
TONGJI UNIV	同济大学	18	1.48%	68	3.78
E CHINA NORMAL UNIV	华东师范大学	16	1.32%	151	9.44
LANZHOU UNIV	兰州大学	15	1.24%	192	12.80

2.2.3　合作情况分析

随着大科学时代的到来，各个科研领域的国际合作越来越多，生物固碳领域也不例外。在研究科学合作时，最常用的指标是合作度和合作率。

合作度是指某一确定时间内针对某一特定主题作者合著的情况。此指标值越高，表明合作越充分。从作者、机构和国家层面分析的合作度，具体定义如下：

$$作者合作度：C_A = \frac{\sum\limits_{i=1}^{N} m_i}{N} \tag{2.1}$$

$$机构合作度：C_I = \frac{\sum\limits_{i=1}^{N} n_i}{N} \tag{2.2}$$

$$国家合作度：C_C = \frac{\sum\limits_{i=1}^{N} k_i}{N} \tag{2.3}$$

式中，C_A、C_I、C_C 分别表示作者合作度、机构合作度、国家合作度；m_i、n_i、k_i 分别表示一定时期内每篇文章的作者数、机构数、国家数；N 表示一定时期内该领域的文章总数。

合作率是指一定时期内该领域的合作论文在文章总数中的占比，具体定义如下：

$$P = \frac{S}{N} \times 100\% \tag{2.4}$$

式中，P 表示合作率，S 表示一定时期内该领域的合作论文数，N 表示一定时期内该领域的文章总数。

根据以上公式的定义，分别计算生物固碳领域三个层面的合作度（见图 2.4）和合作率（见图 2.5）。从图 2.4 可以看出，三个层面的合作度都呈现上升趋势，这表明生物固碳领域的研究规模不断扩大，合作关系更加密切。从总体上看，三个层面的合作度平均值为分别 4.47、2.72、1.46，即此领域每篇文章有 4.47 个作者、2.72 个机构和 1.46 个国家。由图 2.5 可知，生物固碳领域的合作率呈现上升的趋势，充分体现了国际生物固碳领域的合作相当充分。

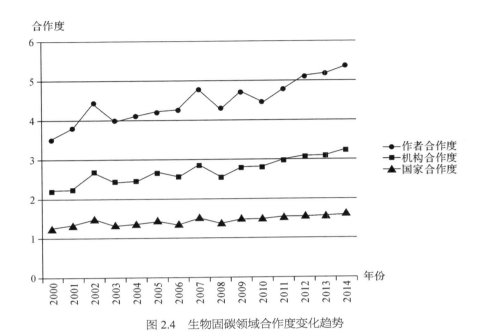

图 2.4　生物固碳领域合作度变化趋势

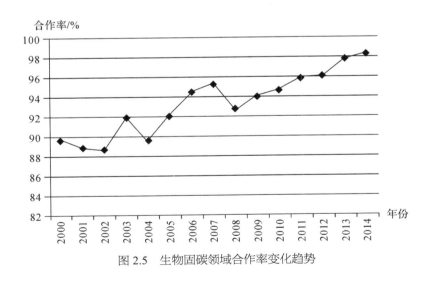

图 2.5　生物固碳领域合作率变化趋势

2.3 国际生物固碳研究热点分析

关键词作为学术文献的必备要素，能鲜明而直接地表述文献的主题。对关键词（特别是高频关键词）词频进行分析，能够有效地理清该研究领域的学科热点和发展方向。经统计，8846 篇论文共有 41479 个关键词（含重复出现的关键词）。为避免同义关键词影响分析结果，本书对关键词进行了一定程度的人工干预，合并了意义相近的关键词，如 carbon dioxide 和 CO_2，model 和 modeling，global change 和 global warming，forests 和 forest 等。生物固碳领域文献中前 60 位的关键词如表 2.6 所示。

表 2.6　生物固碳领域文献中前 60 位的关键词

关键词	词频	关键词	词频
carbon sequestration（固碳）	1055	microbial biomass（微生物生物量）	83
climate change（气候变化）	614	eddy covariance（涡度相关法）	82
carbon（碳）	542	soil carbon sequestration（土壤固碳）	82
carbon dioxide（CO_2）	459	China（中国）	79
soil（土壤）	436	elevated CO_2（CO_2浓度升高）	79
carbon storage（碳储量）	401	agriculture（农业）	75
soil organic carbon（土壤有机碳）	339	grassland（草原）	73
forest（森林）	322	organic matter（有机物质）	73
soil organic matter（土壤有机质）	282	mitigation（缓解）	72
soil respiration（土壤呼吸）	268	climate（气候）	71
land use change（土地使用变化）	256	bioenergy（生物能源）	70
soil carbon（土壤碳）	236	phytoplankton（浮游植物）	69
modeling（建模）	224	REDD/Reducing Emissions from Deforestation and forest Degradation（毁林和森林退化减排计划）	62
carbon cycle（碳循环）	224	carbon balance（碳平衡）	62
sequestration（封存）	217	disturbance（干扰）	61
biomass（生物量）	212	temperature（温度）	61
primary production（初级生产力）	209	mineralization（矿化）	56

续　表

关键词	词频	关键词	词频
forest management（森林管理）	207	deforestation（森林砍伐）	55
nitrogen（氮）	196	methane（甲烷）	55
afforestation（造林）	145	forestry（林业）	52
ecosystem services（生态服务系统）	145	fertilization（施肥）	51
decomposition（分解）	127	ocean acidification（海洋酸化）	50
organic carbon（有机碳）	119	carbon budget（碳预算）	49
biochar（生物炭）	106	Kyoto Protocol（京都议定书）	47
photosynthesis（光合作用）	105	restoration（恢复）	46
biodiversity（生物多样性）	104	remote sensing（遥感）	45
tillage（耕作）	91	sustainability（可持续发展）	44
carbon flux（碳通量）	89	soil moisture（土壤水分）	43
no-tillage（免耕）	89	tropical forest（热带森林）	43
carbon sink（碳汇）	86	conservation tillage（保护性耕作）	38

由于本研究是关于生物固碳的，所以固碳、碳、碳储量、封存、CO_2、碳汇、土壤固碳、碳循环等也自然成为频数很高的关键词；而气候变化、毁林和森林退化减排计划、京都议定书、可持续发展的频次很高，则表明气候的变化使人们更加认识到碳减排和固碳的重要性，从而签订和制定了碳减排的合约或计划，进一步促进了固碳相关研究。高频关键词中还有土壤、森林、草原、生物多样性、生态系统服务、浮游植物、热带森林等，可以看出生物固碳的过程与土壤、森林、草原、浮游植物、微生物、生态系统等密切相关。

本书通过对生物固碳领域文献关键词的词频分析结果进行归纳，总结出此领域的六大研究热点（见表2.7）：①不同生态系统碳汇的现状及潜力；②固碳减排长期效应和生态系统服务可持续性；③土壤固碳研究；④生态系统管理措施对固碳的影响研究；⑤微藻固碳与生物能源制备；⑥生物炭与环境研究。

表 2.7　生物固碳领域的研究热点

研究热点	代表关键词及频次	主要研究内容	代表文献
不同生态系统碳汇的现状及潜力	carbon storage（401）、modeling（224）、primary production（209）、carbon cycle（162）、photosynthesis（105）、eddy covariance（82）、organic matter（73）、temperature（61）、remote sensing（45）	森林、海洋、湿地、草原等生态系统的固碳机理；森林、海洋、湿地、草原等生态系统储量分布与评估研究；固碳模型及固碳潜力定量化评价研究	[2-5]
固碳减排长效应和生态系统服务可持续性	ecosystem services（145）、biodiversity（104）、carbon flux（89）、carbon sink（86）、microbial biomass（83）、mitigation（72）、carbon balance（62）、ocean acidification（50）、carbon budget（49）、sustainability（44）	生物固碳减排的经济效益；生物多样性对生态系统固碳的影响；生态系统服务价值评价研究；人类活动对生态系统服务功能的影响	[6-7]
土壤固碳研究	soil organic carbon（339）、soil respiration（268）、soil carbon（236）、soil organic matter（282）、soil carbon sequestration（82）、mineralization（56）、soil moisture（43）	土壤固碳过程和机理；土壤碳库评估及其增长的潜力；土壤固碳影响因素判定及 Mrta Analysis 方法的应用；土壤有机碳的稳定性及其与微生物的相互作用	[8-10]
生态系统管理措施对固碳的影响研究	land use change（256）、forest management（207）、afforestation（145）、tillage（91）、no-tillage（89）、deforestation（55）、fertilization（51）、conservation tillage（38）	管理措施的固碳机理研究；土地利用变化对固碳能力的影响；耕作方式对固碳能力的影响；长期施肥对固碳能力的影响；植被修复对固碳能力的影响	[11-13]
微藻固碳与生物能源制备	bioenergy（70）、phytoplankton（69）	微藻代谢机理研究、高固碳藻种及品种选育、微藻养殖技术、采收与提油技术、生物燃料转化技术	[14-17]
生物炭与环境研究	decomposition（127）、biochar（106）、agriculture（75）	生物炭对土壤肥力及作物生长的影响；生物炭对土壤微生态的影响	[18-20]

　　突变词是指短时间内使用频率骤增的关键词，适合表征研究前沿的发展趋势，突变词的突变强度则表现了该词短时间内使用频率骤增的强度。本节利用 CiteSpace Ⅲ 得出生物固碳领域的突变词列表（见表 2.8），清楚地展示了突变词的年代和突变强度。

表 2.8　生物固碳领域的突变词

突变词	起始年份	结束年份	突变强度	突变词	起始年份	结束年份	突变强度
carbon dioxide（二氧化碳）	2000	2005	16.4704	eddy-covariance（涡度相关）	2002	2007	5.1931
enrichment（肥沃）	2000	2006	9.5929	variability（变异）	2002	2003	3.6461
brazilian amazon（巴西亚马孙）	2000	2004	8.733	water-vapor exchange（水蒸气交换）	2003	2006	9.4688
transformations（转换）	2000	2007	8.5183	atmosphere（大气）	2003	2005	6.6835
disposal（处置）	2000	2005	7.8435	Kyoto Protocol（京都议定书）	2003	2005	6.0226
phytoplankton（浮游植物）	2000	2002	6.9745	Beech Forest（水青冈林）	2003	2006	6.0217
Eastern Amazonia（亚马孙东部）	2000	2005	6.4515	seawater（海水）	2003	2004	3.6804
old-growth forest（老龄林）	2013	2014	3.9203	turnover（周转）	2003	2004	2.8069
atmospheric CO_2（大气中的 CO_2）	2000	2000	5.7918	net primary production（净初级生产力）	2004	2004	3.8005
photosynthesis（光合作用）	2000	2002	5.323	rainforest（热带雨林）	2004	2004	3.4547
temperature（温度）	2000	2000	4.6733	carbon budget（碳收支）	2004	2007	6.861
atmospheric carbon（大气中的碳）	2000	2004	4.185	root respiration（根系呼吸）	2004	2007	2.7977
radiocarbon（放射性碳）	2000	2004	3.9209	deciduous forest（落叶林）	2005	2006	5.7353
nitrate（硝酸）	2000	2001	3.8192	carbon-dioxide exchange（CO_2 交换）	2005	2008	5.3411
carbon dioxide enrichment（CO_2 富集）	2000	2006	3.7682	elevated atmospheric CO_2（大气中 CO_2 浓度增高）	2005	2008	4.7858
nitrogen mineralization（氮矿化）	2000	2004	3.618	long-term（长期）	2005	2008	4.5933
evolution（进化）	2000	2001	3.5425	soil（土壤）	2005	2005	4.5177

45

续　表

突变词	起始年份	结束年份	突变强度	突变词	起始年份	结束年份	突变强度
North Atlantic（北大西洋）	2000	2001	3.5056	soil organic matter（土壤有机质）	2005	2006	4.0607
nutrient（养分）	2000	2000	3.4932	residue（残留）	2005	2009	3.8144
terrestrial ecosystems（陆地生态系统）	2000	2000	3.3973	ecosystem respiration（生态系统呼吸）	2005	2007	3.6864
responses（反应）	2000	2002	3.3091	fixation（固定）	2005	2005	2.7759
plants（植物）	2000	2001	3.2441	C/N ratio（碳氮比）	2006	2006	4.0495
litter quality（凋落物质量）	2000	2000	3.2074	Atlantic Ocean（大西洋）	2007	2008	2.9055
fine roots（细根）	2000	2006	3.0485	biofuels（生物燃料）	2010	2012	6.4555
Alaska（阿拉斯加州）	2000	2000	2.949	soil carbon sequestration（土壤固碳）	2010	2011	2.9282
Arctic tundra（北极苔原）	2000	2002	2.9465	biochar（生物炭）	2011	2014	17.2938
marine（海洋）	2000	2002	2.7757	REDD（毁林和森林退化减排计划）	2011	2014	8.2806
cycle（循环）	2001	2003	10.3778	bioenergy（生物能源）	2011	2012	5.3558
cultivation（养殖）	2001	2003	8.6226	charcoal（木炭）	2011	2012	5.3173
balance（平衡）	2001	2003	7.0526	agricultural soil（农业土壤）	2011	2011	4.0304
El Nino（厄尔尼诺）	2001	2006	6.3897	mechanisms（机制）	2011	2011	3.9462
water-vapor（水蒸气）	2001	2007	6.1374	reforestation（植树造林）	2011	2011	2.799
ecosystems（生态系统）	2001	2002	5.4623	ecosystem services（生态系统服务）	2012	2014	11.0389
carbon cycle（碳循环）	2002	2004	7.0094	ocean acidification（海洋酸化）	2012	2014	7.3227
modeling（建模）	2002	2004	5.4285	loess plateau（黄土高原）	2012	2014	7.1413
loblolly-pine（火炬松）	2001	2004	3.0033	conservation（保护）	2012	2012	5.1456

突变词	起始年份	结束年份	突变强度	突变词	起始年份	结束年份	突变强度
carbon balance（碳平衡）	2001	2004	4.477	physical-properties（物理性质）	2012	2014	5.1261
Saskatchewan（萨斯喀彻温省）	2001	2002	3.9639	pyrolysis（热解）	2012	2014	3.5153
organic carbon（有机碳）	2001	2003	3.7877	black carbon（炭黑）	2012	2012	2.8858
carbon flux（碳通量）	2001	2002	3.3777	temperature sensitivity（温度敏感性）	2013	2014	8.1883
ammonium（氨）	2001	2003	3.2873				

2000—2005 年的主要突变词可归纳为以下几组：① atmospheric CO_2（大气中的 CO_2）、Brazilian Amazon（巴西亚马孙）、Alaska（阿拉斯加州）、Arctic tundra（北极苔原）；② North-Atlantic（北大西洋）、phytoplankton（浮游植物）、marine（海洋）；③ terrestrial ecosystems（陆地生态系统）、plants（植物）、litter quality（凋落物质量）、fine roots（细根）、photosynthesis（光合作用）、nutrient（养分）；④ cycle（循环）、El Nino（厄尔尼诺）、water-vapor（水蒸气）、ecosystems（生态系统）、carbon balance（碳平衡）、organic carbon（有机碳）、carbon flux（碳通量）；⑤ modeling（建模）、eddy-covariance（涡度相关）、variability（变异）；⑥ water-vapor exchange（水蒸气交换）、atmosphere（大气）、Kyoto Protocol（京都议定书）、seawater（海水）、turnover（周转）；⑦ net primary production（净初级生产力）、rain-forest（热带雨林）。

这期间的研究热点主要表现在以下七个方面：①在大气中 CO_2 浓度升高的背景下，生物固碳领域学者开始关注亚马孙热带雨林、阿拉斯加州、北极苔原等生态系统的固碳潜力；②开展海洋中浮游植物固碳机理和固碳量评估的研究；③对陆地生态系统开展研究，深入到固碳影响因素，包括植物的光合作用、养分供给等，同时关注植物凋落物的分解过程及养分释放影响因素;④进行生态系统碳循环模型的探讨,以及源与汇的关系研究;⑤逐步开始定量化研究,探索性建立各种模型,评估森林、海洋、湿地、草原等生态系统的碳储量分布以及固碳潜力;⑥深入研究海洋生态系统的碳循过程,探讨 CO_2 的海-气交换、有机碳循环等重要问题;⑦进行生态系统净初级生产力的估算。

2006—2010 年的主要突变词可归纳为以下几组:① carbon budget(碳预算);② root respiration(根系呼吸)、deciduous forest(落叶林)、elevated atmospheric CO_2(大气中 CO_2 浓度增高);③ carbon-dioxide exchange(CO_2 交换)、long-term(长期)、soil(土壤)、soil organic matter(土壤有机质)、residue(残留)、C/N ratio(碳氮比);④ ecosystem respiration(生态系统呼吸)、fixation(固定)。

这期间的研究热点主要表现在以下四个方面:①对固碳的研究由技术角度扩大到经济角度,进行碳预算方法研究;②开展温带落叶林的植物特征及其对气候变化影响的研究,对生态系统固碳的研究深入到植物根系碎屑固碳;③前期对草原、森林、沼泽等生态系统固碳的研究,均涉及土壤的固碳,逐渐开展土壤固碳过程和机理、土壤碳库评估及其增长潜力、土壤固碳影响因素等的研究;④研究生态系统呼吸与 CO_2 固定。

2010—2014 年的主要突变词可归纳为以下几组:① biofuels(生物燃料)、bioenergy(生物能源);② biochar(生物炭)、charcoal(木炭);③ REDD(毁林和森林退化减排计划)、reforestation(植树造林)、ecosystem services(生态系统服务)、conservation(保护);④ black carbon(炭黑)、physical-properties(物理性质)、pyrolysis(热解)、agricultural soil(农业土壤);⑤ temperature sensitivity(温度敏感性)、old-growth forest(老龄林)。

这期间的研究热点主要表现在以下五个方面:①微藻固碳的兴起,使得微藻代谢机理研究、高固碳藻种及品种选育、微藻养殖技术及生物燃料转化技术等成为热点；②对生物炭的研究快速发展，包括生物炭的制备方法、生物炭对土壤肥力及作物生长的影响机理、生物炭对土壤微生态的影响机理等研究；③开展生物系统保护、管理措施研究，以增加固碳量；④研究炭黑的物理化学性质、炭黑与土壤碳库稳定性间关系等；⑤研究土壤呼吸的温度敏感性及其对土壤碳库的影响。

2.4　主要国家的科研实力分析

本节选择总论文数、总被引频次、高产作者数、高产机构数、高被引论文数、高产期刊数这六项指标（其中，高产作者数、高产机构数、高被引论文数、高产期刊数选择排名前 100 位的对应作者、机构、论文和期刊）以度量各国在生物固碳领域的研究能力，进一步分析各国在此领域的科研水平。

采用标准分统计方法，得到各国上述六项指标的标准分，将这六项指标的标准分相加，得到各国的综合得分（见表 2.9）。每个国家各项指标标准分计算公式如下：

$$T_{ij} = \frac{x_{ij} - \overline{x}_j}{\sqrt{\dfrac{\sum\limits_{i}(x_{ij} - \overline{x}_j)^2}{N}}} + 1 \qquad (2.5)$$

$$T_i = \sum_j T_{ij} \qquad (2.6)$$

式中，T_{ij} 表示第 i 个国家第 j 个指标的标准分，x_{ij} 表示第 i 个国家第 j 个指标的原始分，$\overline{x}_j$ 表示第 j 个指标所有国家的平均分，N 表示国家总数，T_i 表示第 i 个国家的综合得分。

表 2.9 生物固碳领域主要国家综合实力

序号	国家	总论文数		总被引频次		高产作者数		高产机构数		高被引论文		高产期刊数		综合得分
		x	T	x	T	x	T	x	T	x	T	x	T	
1	美国	3541	3.89	113814	3.93	36	3.33	48	3.95	70	3.97	29	2.83	21.89
2	英国	695	0.75	23956	0.93	11	1.20	10	1.07	10	1.03	26	2.55	7.52
3	中国	1213	1.32	13922	0.59	26	2.48	7	0.84	2	0.64	2	0.31	6.18
4	德国	808	0.87	26366	1.01	3	0.51	5	0.69	3	0.69	7	0.78	4.55
5	荷兰	335	0.35	12638	0.55	2	0.43	3	0.54	1	0.59	21	2.08	4.54
6	加拿大	731	0.79	20873	0.83	2	0.43	7	0.84	1	0.59	4	0.50	3.98
7	澳大利亚	591	0.63	17229	0.70	1	0.34	4	0.61	4	0.74	2	0.31	3.35
8	法国	521	0.56	19035	0.76	4	0.60	3	0.54	2	0.64	1	0.22	3.32
9	日本	408	0.43	7345	0.37	0	0.26	3	0.54	0	0.54	2	0.31	2.46
10	西班牙	381	0.40	5533	0.31	2	0.43	1	0.39	0	0.54	0	0.12	2.20

注：x 为各指标的原始分，T 为各指标的标准分，高被引论文所属国家按第一作者国别计算。

表 2.9 进一步说明了美国在生物固碳领域的研究力量远远高于其他国家。英国是在此领域研究实力比中国稍高的国家，德国则稍低于中国，我们选择英国、德国与中国就六项指标标准分进行了比较（见图 2.6）。首先，中国的总论文数和高产作者数都高于英国和德国，表明中国在此领域已形成了一定的科研规模。其次，中国的总被引频次、高被引论文数均低于英国和德国。经计算，中国的篇均被引频次只有 11.48 次，是表 2.9 中 10 个国家的最后一位，这说明中国在生物固碳领域的产出质量有待提升。最后，中国在此领域只有 2 种高产期刊，而德国有 7 种，英国有 26 种，这说明中国在生物固碳领域期刊方面有较大的提升空间。

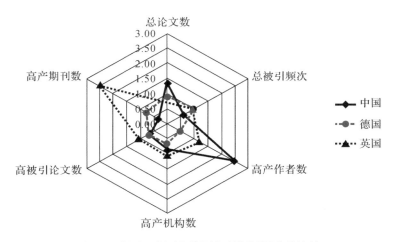

图 2.6　中国、英国和德国六项指标标准分比较

2.5　小　结

通过文献计量分析，本章发现生物固碳研究呈快速发展趋势，并呈现出以下特点。

（1）生物固碳研究是一个多学科交叉的领域。该领域的文献学科分布广泛，主要涉及环境科学、生态学、土壤科学、地球科学综合和林学等。2009—2014 年生物固碳领域快速发展，年均增长率达到 14.5%。发达国家在生物固碳领域的实力明显强于发展中国家，欧美占据主导地位，美国的研究实力最强。首先，排名前 20 位的高产作者、高产机构绝大部分来自发达国家。其次，发达国家高产作者、高产机构的篇均被引频次远远高于发展中国家。生物固碳领域最应关注的期刊是 *Global Change Biology*，最高产的单位是中国科学院，最高产的作者是美国俄亥俄州立大学的 Lal R。

（2）通过对生物固碳领域文献关键词的词频分析，发现此领域的六个研究热点：不同生态系统碳汇的现状及潜力、固碳减排长期效应和生态系统服务可持续性、土壤固碳研究、生态系统管理措施对固碳的影响研究、微藻固碳与生物能源制备、生物炭与环境研究。

（3）2009 年后中国在生物固碳领域的发文量迅速增加，已具备一定的科研规模，但质量的提升明显慢于数量的提升。中国在生物固碳领域的发展有以下问题值得关注：①在提升科研成果数量的同时，要注重质量的提升；②应创办一些生物固碳领域的学术期刊，提升对生物固碳研究的关注度；③除了已培养的长期从事此领域的科研机构外，应推动其他机构（如各类大学、企事业研发部）加强对生物固碳领域的研究。

参考文献

[1] Cabinet G F. German strategy for adaptation to climate change [R/OL]. (2008-12-17) [2016-11-07]. http://www.bmub.bund.de/fileadmin/bmu-import/files/english/pdf/application/pdf/das_gesamt_en_bf.pdf.

[2] Parton W J, Schimel D S, Cole C V, et al. Analysis of factors controlling soil organic matter levels in Great Plains grasslands [J]. Soil Science Society of America Journal, 1987, 51(5): 1173-1179.

[3] Gurney K R, Law R M, Denning A S, et al. Towards robust regional estimates of CO_2 sources and sinks using atmospheric transport models [J]. Nature, 2002, 415(6872): 626-630.

[4] Houghton R A. Aboveground forest biomass and the global carbon balance [J]. Global Change Biology, 2005, 11(6): 945-958.

[5] Ciais P, Reichstein M, Viovy N, et al. Europe-wide reduction in primary productivity caused by the heat and drought in 2003 [J]. Nature, 2005, 437(7058): 529-533.

[6] Nelson E, Mendoza G, Regetz J, et al. Modeling multiple ecosystem services, biodiversity conservation, commodity production, and tradeoffs at landscape scales [J]. Frontiers in Ecology and the Environment, 2009, 7(1): 4-11.

[7] Balvanera P, Pfisterer A B, Buchmann N, et al. Quantifying the evidence for biodiversity effects on ecosystem functioning and services [J]. Ecology Letters, 2006, 9(10): 1146-1156.

[8] Vance E D, Brookes P C, Jenkinson D S. An extraction method for measuring soil microbial biomass C [J]. Soil Biology and Biochemistry, 1987, 19(6): 703-707.

[9] Parton W J, Schimel D S, Cole C V, et al. Analysis of factors controlling soil organic matter levels in Great Plains grasslands [J]. Soil Science Society of America Journal, 1987, 51(5): 1173-1179.

[10] Jobbágy E G, Jackson R B. The vertical distribution of soil organic carbon and its relation to climate and vegetation [J]. Ecological Applications, 2000, 10(2): 423-436.

[11] Guo L B, Gifford R M. Soil carbon stocks and land use change: a meta analysis [J]. Global Change Biology, 2002, 8(4): 345-360.

[12] Lal R. Soil carbon sequestration impacts on global climate change and food security [J]. Science, 2004, 304(5577): 1623-1627.

[13] Post W M, Kwon K C. Soil carbon sequestration and land-use change: processes and potential [J]. Global Change Biology, 2000, 6(3): 317-327.

[14] Behrenfeld M J, O'Malley R T, Siegel D A, et al. Climate-driven trends in contemporary ocean productivity [J]. Nature, 2006, 444(7120): 752-755.

[15] Armbrust E V, Berges J A, Bowler C, et al. The genome of the diatom *Thalassiosira pseudonana*: ecology, evolution, and metabolism [J]. Science, 2004, 306(5693): 79-86.

[16] Schenk P M, Thomas-Hall S R, Stephens E, et al. Second generation biofuels: high-efficiency microalgae for biodiesel production [J]. Bioenergy Research, 2008, 1(1): 20-43.

[17] Doucha J, Straka F, Lívanský K. Utilization of flue gas for cultivation of microalgae (Chlorella sp.) in an outdoor open thin-layer photobioreactor [J]. Journal of Applied Phycology, 2005, 17(5): 403-412.

[18] Lehmann J. Bio-energy in the black [J]. Frontiers in Ecology and the Environment, 2007, 5(7): 381-387.

[19] Atkinson C J, Fitzgerald J D, Hipps N A. Potential mechanisms for achieving agricultural benefits from biochar application to temperate soils: a review [J]. Plant and Soil, 2010, 337(1-2): 1-18.

[20] Warnock D D, Lehmann J, Kuyper T W, et al. Mycorrhizal responses to biochar in soil: concepts and mechanisms [J]. Plant and Soil, 2007, 300(1-2): 9-20.

第3章 中国生物固碳科技发展态势分析

本章研究对象为中国生物固碳技术领域的科技文献，数据来源于中国学术期刊网络出版总库（China Academic Journal Network Publishing Database，CAJD）。该数据库是世界上最大的连续动态更新的中国学术期刊全文数据库，其内容经过深度加工、编辑、整合，有明确的来源、出处，数据可信、可靠，可以作为学术研究、科学决策的依据。

本章主要采用专家咨询、文献计量分析、共词分析、聚类分析进行中国生物固碳技术领域态势分析。首先，通过咨询相关领域专家，确定检索主题（见表3.1），分别检索"主题1 AND 主题2""主题1 AND 主题3 AND 主题4"，将检索结果合并、去重。其次，对检索所得文献的年代、来源期刊、重要研究机构及作者等进行统计分析，了解中国生物固碳研究的基本情况。最后，利用社会网络分析软件 UCINET 和信息可视化工具 CiteSpace Ⅲ 分别进行共词分析和关键词聚类，归纳出该领域的研究热点和研究前沿。

表 3.1　生物固碳研究检索主题

主题名	内容
主题1	生物、土壤、湿地、海洋、陆地植被、浮游植物、微藻、藻类、贝类
主题2	固碳、储碳、碳汇
主题3	碳、CO_2
主题4	封存、固定、存储、转化、减排

3.1　年代变化分析

　　科学文献是记录科研成果的重要形式。对某一学科领域论文发表年份进行统计，就可以从时间上了解该学科领域的发展历程。按照上述检索方法，共得到 5936 篇中国生物固碳领域科技论文（检索日期为 2014 年 10 月 9 日）。

　　经统计，检索得到的论文分布于 1955—2015 年（2015 年属优先出版），论文数量总体呈逐年上升趋势，个别年份稍有波动（见图 3.1）。可以看出，我国生物固碳技术的研究起步较早，但是发展缓慢，直到 2000 年后才快速增长。

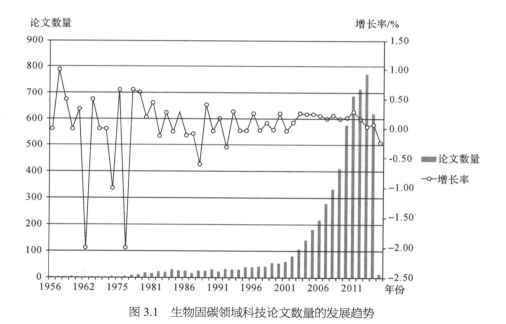

图 3.1　生物固碳领域科技论文数量的发展趋势

　　由图 3.1，可将我国生物固碳研究大致分为三个阶段：①起步阶段（1955—1979 年），该阶段发文量极少，多数年份并没有相关论文发表，国内生物固碳研究刚刚萌芽；②过渡阶段（1980—1999 年），该阶段发文量少，但发文量较连续，逐年增长幅度小，国内正在开始逐渐关注生物固碳研究；③稳步阶段（2000—2014 年），该阶段发文量大，且逐年增长，国内生物固碳研究快速增长。

3.2 来源期刊和学科领域分析

由于我国生物固碳研究于 2000 年才开始快速发展，所以本章重点分析 2000 年及以后的科技文献。这些论文共涉及 1277 种不同的期刊，主要涉及农学（2025 篇）、林学（1123 篇）、环境科学（1114 篇）、生物科学（546 篇）、地质学（160 篇）等学科领域。其中，农学、林学、环境科学、生物科学学科论文占生物固碳总论文数的 93%，主要涉及不同生态系统（陆地森林、草原、农田及土壤）管理措施及其固碳机理、碳储量分布与评估，生物固碳模型及固碳定量化评价研究，以及微藻固碳、生物质转化相关研究等。2000—2015 年生物固碳领域发文量 30 篇以上的中国期刊有 24 种（见表 3.2），共发表相关论文 1523 篇，占论文总数的 26%，而这些期刊只占期刊总数的 2%。因此，上述 24 种期刊是国内生物固碳领域的重要期刊。

以上数据表明：国内生物固碳研究具有广泛的学科交叉性或跨领域多元化的特点，涉及不同学科领域，主要阵地是农学、林学、环境科学、生物科学领域；来源期刊相当广泛，各个不同学科领域中已基本形成了较稳定的核心期刊群。

表 3.2 生物固碳领域发文量 30 篇以上的中国期刊

学科	期刊	发文量
生物科学	生态学报[*]	249
	应用生态学报[*]	141
	生态学杂志[*]	78

续　表

学科	期刊	发文量
环境科学	生态环境学报*	94
	环境科学*	80
	农业环境科学学报*	73
	环境科学学报*	36
农学	土壤学报*	64
	水土保持学报*	63
	土壤通报*	63
	中国农学通报*	56
	安徽农业科学	55
	中国农业科学*	49
	植物营养与肥料学报*	47
	中国生态农业学报*	38
	土壤*	36
	农业工程学报*	35
林学	中南林业科技大学学报*	40
	林业科学*	36
	东北林业大学学报*	36
化学	分析化学*	40
植物学	植物生态学报*	47
地理学	地球科学进展*	35
基础科学综合	科学通报*	32

注：带*的为 2011 版中文核心期刊。

3.3　重要研究机构分析

论文作者机构分布分析可以帮助读者了解作者所在机构的学术氛围和科研实力，同时了解期刊的影响辐射范围，还可从侧面反映出机构对刊物的支持和认同性。按照全部作者统计，生物固碳领域发文量前 20 位的中国机构如表 3.3 所示，共计发文 1506 篇，占论文总数的 25%。设 X_{ij} 为研究机构 j 所发表文章 X 被引用的次数（i=1，2，...，m；j=1，2，…，20；m 为机构 j 的最大发文量），N_j 为研究机构 j 的发文量，A_j 为研究机构 j 的篇均被引频次，则 $A_j = \dfrac{\sum\limits_{i=1}^{m} X_{ij}}{N_j}$ $(j = 1, 2, \cdots 20)$ 。

表 3.3　生物固碳领域发文量前 20 位的中国机构

序号	机构名称	发文量	篇均被引频次
1	中国科学院生态环境研究中心	54	53.19
2	南京农业大学	118	33.45
3	中国科学院地理科学与资源研究所	122	27.09
4	中国林业科学院森林生态环境与保护研究所	41	26.27
5	中国科学院东北地理与农业生态研究所	68	23.82
6	中国农业科学院农业资源与农业区划研究所	33	20.21
7	北京林业大学	139	19.91
8	中国科学院亚热带农业生态研究所	44	19.43
9	中国科学院南京土壤研究所	116	19.41
10	中国农业大学	92	19.07
11	中国科学院水利部水土保持研究所	39	15.54
12	中国科学院沈阳应用生态研究所	63	14.24
13	浙江大学	72	13.61
14	中国科学院研究生院	176	12.18
15	东北林业大学	32	10.47
16	西北农林科技大学	134	10.38
17	同济大学	50	9.94
18	清华大学	35	8.74
19	西南大学	47	8.49
20	中国海洋大学	31	5.94

　　总体来看，中国科学院是国内生物固碳研究的重要产出机构，其他机构分布在农林、海洋等高校。中国科学院的研究主要涉及不同生态系统的固碳机理、碳储量分布与评估，生态系统服务功能，生物多样性保护理论

与应用，人类活动对生态系统固碳能力影响，以及微藻固碳等研究；南京农业大学和中国农业大学更侧重土壤和农田的碳储量分布与评估、高固碳植物品种的选育等研究；而林业类大学则以研究森林碳汇为主。

从论文的篇均被引频次看，中国科学院生态环境研究中心以 53.19 次 / 篇的篇均被引频次排名第一位，遥遥领先于其他机构，这表明中国科学院生态环境研究中心的论文在生物固碳领域具有较大的影响力。

以上数据表明：中国科学院的研究所以及农林、海洋和部分综合性高校是目前国内生物固碳研究的主导性力量；各类相关企事业单位研发机构非常少；科研实力较强的机构较少，各个研究机构的学术水平存在较明显差异。

3.4 作者及合作情况分析

以全部作者为准，对这些论文进行作者合作度统计（见表 3.4），发现其中 3 人以上（含）合著的文章占论文总数的 75%，比例较大。这说明了我国生物固碳领域的研究合作较充分。

表 3.4 生物固碳领域中国作者合作情况统计

作者数量	发文量	所占比例
1	607	12%
2	666	13%
≥3	3817	75%
总数	5090	100%

对生物固碳领域发文量前 10 位的中国作者进行统计（见表 3.5，表中篇均被引频次计算方式与上一节同理，此处不再赘述），发现发文量前三位的作者为潘根兴、吴金水、李恋卿。其中，潘根兴和李恋卿均来自南

京农业大学，两人合作发表的论文较多，主要从事土壤环境、土壤微生物方面的研究；吴金水来自中国科学院亚热带农业生态研究所，主要从事土壤生态与农业环境方面的研究。结合篇均被引频次可知，李恋卿、欧阳志云的篇均被引频次靠前，这与重要机构被引情况吻合，同时表明他们在生物固碳领域具有一定的影响力。王兵 2009—2014 年发文量占全部论文的85.71%，可以看出他是生物固碳领域的后起之秀，值得关注，其研究主要涉及生态系统功能和价值评估。

表 3.5　生物固碳领域发文量前 10 位的中国作者

作者	发文量	篇均被引频次	2009—2014 年发表论文数占发表论文总数的比例
潘根兴	42	60.93	45.24%
吴金水	27	13.19	62.96%
李恋卿	22	97.64	45.45%
欧阳志云	21	84.90	52.38%
王兵	21	19.81	85.71%
张旭辉	20	71.50	45.00%
童成立	19	19.42	52.63%
韩晓增	19	30.63	57.89%
于贵瑞	18	20.50	0
朱建国	18	20.78	27.78%

3.5　研究热点分析

应用 SATI 软件[1]对文献关键词数据进行统计，共有 12677 个关键词，为避免同义关键词和不规范关键词影响分析结果，本章对关键词进行了一定程度的人工干预，合并了意义相近的关键词（如碳储量和碳贮量，二氧化碳和 CO_2 等），从中提取了出现 30 次以上的高频关键词，如表 3.6 所示。

表 3.6　生物固碳领域文献中出现频次大于 30 的高频关键词

关键词	频次	关键词	频次	关键词	频次
碳储量	302	生态效益	61	生态系统服务	37
碳汇	261	人工林	61	葡萄糖氧化酶	36
土壤有机碳	242	森林	60	中国	35
生物量	179	生态系统	59	生物炭	35
气候变化	147	土壤酶活性	57	生物能源	34
CO_2	140	固碳潜力	56	低碳农业	34
森林生态系统	135	节能减排	55	生物转化	34
有机碳	134	碳排放	51	碳平衡	34
固碳	130	影响因素	49	长期施肥	34
碳循环	117	土地利用	48	甲烷	33
土壤	112	生物反应堆	48	碳库	33
生物传感器	110	评估	43	秸秆还田	32
碳密度	107	服务功能	43	纳米金	32
土壤呼吸	93	森林碳汇	42	土壤养分	32
生态系统服务功能	85	碳源	42	黑土	32
价值评估	84	陆地生态系统	41	低碳经济	32
温室气体	80	水稻土	41	温度	32
微藻	79	碳汇功能	39	农田生态系统	31
生物燃料	76	生物多样性	39	土壤有机质	31
生物柴油	66	全球变化	39	退耕还林	31
湿地	62	辣根过氧化物酶	37		
碳纳米管	51	微生物	37		

　　共词分析方法是指统计一组文献的关键词两两之间在同一篇文献中出现的频率，形成一个由这些词对关联所组成的共词网络（网络内节点之间的远近可以反映主题内容的亲疏关系），进而分析这些词所代表的学科和主题的结构变化。为了客观地分析国内生物固碳研究的热点，分别运用社会网络分析软件 UCINET 和信息可视化软件 CiteSpace Ⅲ 从两个不同角度构建科学知识图谱。

（1）高频词共现网络

利用提取的高频关键词构建 64×64 的共词矩阵，运用 UCINET 的绘图功能，将关键词共现矩阵的数据转换为一个关键词网络图（见图 3.2）。①以气候变化、碳汇、碳储量为中心的众多节点组成的网络图谱已经形成，其中与碳汇、碳储量联系较紧密的有生物量、土壤、微生物、森林、湿地、陆地生态系统等，这说明在全球气候变化、温室气体含量增高的背景下，生物固碳的研究逐渐增多，生物固碳的过程与土壤、微生物、森林、湿地、陆地生态系统等密切相关，这是生物固碳研究的主要内容。②网络中存在一些小聚类，图 3.2 左侧是以微生物、生物能源、低碳经济、微藻、CO_2 等为主要节点的聚类，这表明生物固碳研究中利用微藻固定 CO_2 的研究已经开展，并形成相对稳定的研究内容；下侧是以固碳潜力、碳库、影响因素、碳汇功能、土壤、秸秆还田、长期施肥等为关键节点的聚类，表明不同生态系统管理措施及固碳能力是生物固碳研究的重点领域；而右侧则是以生态系统、生态效益、生态服务功能、森林、价值评估等为主要节点的聚类，表明关于不同生态系统服务功能及价值评估的研究已初具规模。

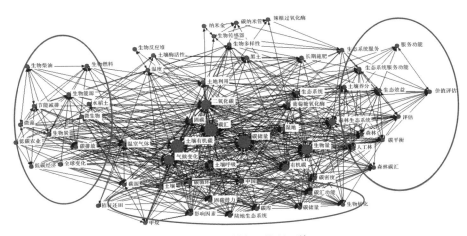

图 3.2　高频关键词共现网络

（2）关键词聚类图谱

选择关键词作为网络节点类型，运行 CiteSpace Ⅲ 软件进行聚类，得到图 3.3。在共词网络图分析和文献内容分析的基础上，对关键词聚类图谱展开更加详细的研究，深入挖掘和分析，可知目前主要的研究热点如下。

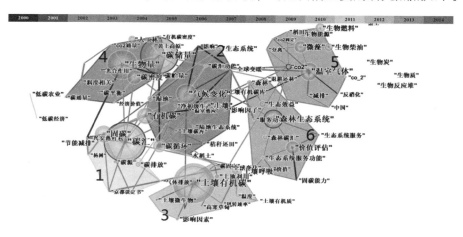

图 3.3　关键词聚类图

①国内生物固碳研究的大背景——节能减排、低碳环保。从《京都议定书》到哥本哈根会议，减排已成为全人类公认的共同使命，我国也制定了 2020 年单位国内生产总值 CO_2 排放量比 2005 年下降 40%~50% 的减排目标[2]，明确将节能减排提上日程。在节能减排的压力下，生物固碳因具有成本低、风险小、监测和监管简单等优点而备受瞩目，是一种安全、经济、有效的固碳减排方式。聚类 1 主要包含碳汇、固碳、碳源、可再生能源、气候变化、哥本哈根协议、气体排放、碳排放、低碳城市、低碳发展、环境经济等关键词，且与聚类 2、3、4 联系紧密，这更加印证了在节能减排、低碳环保背景下，国内科研人员开始重视生物固碳相关研究。

②不同生态系统的固碳过程和固碳机理。聚类 2 以气候变化为中心，积聚了众多的节点，既有土壤有机碳库、湿地、土壤、陆地生态系统、水稻土这些代表不同生态系统的关键词，又有涉及固碳过程的碳循环、土壤

腐殖质碳、团聚体、有机化合物、颗粒有机质等专业词汇集。这说明不同生态系统（陆地森林、草原、农田及土壤）的固碳机理研究是学者讨论最多的热点主题之一。如许炼烽等 [3] 指出森林土壤的固碳机理包括稳定性有机物——矿物复合体的形成、持久性封存的深层碳的增加、耐分解有机物成分的积累以及土壤团聚体结构中碳的物理性保护。邱广龙等 [4] 指出海洋生态系统的固碳机理包括海床草对碳的固定、海草草冠对水体有机悬浮颗粒物的高效捕获、植物碎屑物在缺氧性海草床沉积物中的低分解率和相对稳定性。

③区域生物固碳模型、固碳定量化以及区域碳储量分布与评估研究。聚类 3 以土壤有机碳为中心，同时包含土壤有机碳库、土壤有机碳密度、影响因子、显著性、温室效应等关键词，而聚类 4 主要包括碳储量、生物量、碳密度、碳通量、人工林、黄土高原、植物根系、土壤碳汇、有机碳密度等关键词。显然，聚类 3 主要是关于生物固碳模型模拟估算区域固碳潜力的，而聚类 4 则关注区域碳储量的分布与评估定量化研究。这表明在对生态系统固碳过程和机理科学认识的基础上，尝试建立固碳模型，通过模型模拟以评估区域的生物固碳潜力，把握区域碳储量的分布，也是国内生物固碳领域的一大研究热点。如黄磊等 [5] 以沙坡头人工植被区的苔藓结皮和藻类结皮为研究对象，通过对土壤水分的连续测定，确定其光合作用和呼吸作用的有效湿润时间及其与土壤水分、温度和太阳辐射的关系，建立了土壤水分驱动下的固碳模型。刘迎春等 [6] 以黄土丘陵区的主要造林树种——油松和刺槐为研究对象，测定森林乔木、灌木、草本生物量及凋落物碳储量，从获取的土样中得到土壤有机碳储量，再结合文献数据和农田碳储量数据，建立 0~86 年生油松林和 0~56 年生刺槐纯林生态系统碳储量－林龄序列，并在此基础上分析造林对生态系统碳储量和固碳潜力的影响。

④微藻固碳及生物能源技术。聚类 5 主要包含微藻、减排、生物柴油、生物能源、温室气体、中国、能源短缺、可再生能源、厌氧甲烷氧化、功

能微生物、CO_2 固定等关键词。显然，该聚类是关于微藻固碳及生物能源技术主题的。我国 2007 年 9 月发布的《可再生能源中长期规划》提到"2020 年生物柴油年利用量将达 200 万吨"[7]，在 CO_2 减排、新兴能源生产双重压力下，微藻固碳及生物能源技术因能同时满足"固碳"和"产能"需求而受到研究人员的高度关注。目前，微藻固碳及生物能源技术研究主要集中在低成本藻种技术、养殖技术、采收与提油产业化技术等方面[8]。

⑤生态系统服务功能及价值评估。聚类 6 中的关键词有森林生态系统、森林碳汇、生态系统服务功能、固碳能力、生态效益、生态服务价值、价值评估、退耕还林、生物生产力、评价等。这表明生态系统服务功能评价也是国内生物固碳领域的研究热点之一。固碳释氧功能是生态系统的重要服务功能之一[9]，有众多学者对生态系统多种服务功能进行量化评估研究。如段晓男等[10]通过建立模型，得出红树林湿地和沿海盐沼的固碳速率最高，还计算出了退田还湖和退田还泽的固碳潜力，为湿地生态系统管理和服务功能评价提供了科学依据。

3.6　研究前沿分析

CiteSpace Ⅲ软件有时区视图和突变词探测功能，它绘制出的图形可以形象地展现研究热点随着时间变化而发生的演变，直观地展示研究前沿之间的交互关系和演进路径[11]。本章利用 CiteSpace Ⅲ绘制出 2000—2014 年基于高频关键词的研究前沿时区图（见图 3.4）。按突变强度排列的中文突变词列表如表 3.7 所示，表中清楚地展示了突变词的年代和突变强度[12]。图 3.4 和表 3.7 共同展示了 2000—2014 年中国生物固碳研究前沿的演进路径，显示了不同年份中主要研究主题的转移情况。

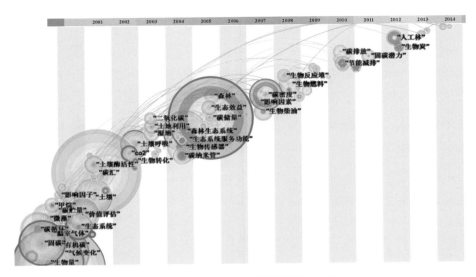

图 3.4　2000—2014 年研究前沿时区图

表 3.7　生物固碳领域的中文突变词列表

突变词	突变强度	起始年份	结束年份	突变词	突变强度	起始年份	结束年份
碳储量	13.4332	2010	2013	生物转化	3.7636	2002	2007
低碳农业	7.9248	2010	2013	生物碳质	3.6091	2012	2014
气候变化	6.7695	2009	2011	生物柴油	3.5461	2012	2014
生物传感器	5.7261	2005	2010	节能减排	3.4759	2010	2013
人工林	4.8814	2012	2014	碳密度	3.0997	2008	2014
碳循环	4.1556	2000	2012	生态系统	3.0318	2008	2010

国内学界关于生物固碳的研究在发展初期以土壤有机碳、碳循环、生物量、碳汇为主要关键词，这些节点的中心度与频次都较高，与其后各年研究热点都有连接，是国内研究的起源点。

2000—2010 年是国内生物固碳研究的重要发展时期，碳循环、气候变化、生物转化、碳纳密度成为这一时期的突变词，并且突变强度较高，与此同时，在 2000—2008 年间，CO_2、土壤、湿地、森林、生态系统、服务功能等关键词集中爆发，高频出现，表明学界的研究开始走向多角度多学科专业化交叉进程，最受关注的是不同生态系统的固碳能力。而在 2008—2010 年间，生物柴油、生物燃料、生物反应堆等关键词出现次数较多，表明这一时间段关于生物固碳的研究比较倾向于生物能源技术。

2010—2015 年，国内对于生物固碳的研究进一步深入，主要表现为：①低碳农业、节能减排再次成为热点，突变强度分别为 7.9248 和 3.4759，在强调低碳、节能的大环境下，生物固碳相关研究必然增强；②后期研究中形成了新的研究前沿热点，如近年兴起的微藻固碳、生物质转化，其优点及发展前景有目共睹。

3.7 小 结

本章以中国学术期刊网络出版总库搜集到的 5936 篇文献为基础，对我国生物固碳进行计量分析，得到以下几点发现。

（1）生物固碳研究是一个多学科交叉领域，文献学科分布非常广泛，主要涉及农学、林学、土壤、环境等学科。其期刊分布也非常广泛，该研究领域相对高产的期刊是《生态学报》《应用生态学报》。从发文量看，中国科学院是生物固碳研究的重要产出机构，而中国科学院生态环境研究中心的论文综合影响力较强。从作者角度，我国的生物固碳研究合作化趋势比较明显。

（2）运用 UCINET 和 CiteSpace Ⅲ 对生物固碳文献高频关键词进行分析，发现国内学界关于生物固碳的研究是以碳汇、土壤有机碳为研究起源点的。该领域研究主要集中在固碳机理、生物固碳模型定量化、微藻固碳及生物能源技术、生态系统服务功能评价等方面。

参考文献

[1] 刘启元, 叶鹰. 文献题录信息挖掘技术方法及其软件 SATI 的实现——以中外图书情报学为例 [J]. 信息资源管理学报, 2012(1): 50-58.

[2] 国家应对气候变化规划（2014—2020 年）[EB/OL]. (2014-11-25) [2015-01-20]. http://www.scio.gov.cn/ztk/xwfb/2014/32144/xgzc32154/Document/1387114/1387114_1.htm.

[3] 许炼烽, 徐谙为, 李志安. 森林土壤固碳机理研究进展烽 [J]. 生态环境学报, 2013, 22(6): 1063-1067.

[4] 邱广龙, 林幸助, 李宗善, 等. 海草生态系统的固碳机理及贡献 [J]. 2014, 25(6): 1825-1832.

[5] 黄磊, 张志山, 潘颜霞, 等. 荒漠人工植被区典型生物土壤结皮的固碳模型研究 [J]. 中国沙漠, 2013, 33(6): 1796-1802.

[6] 刘迎春, 王秋凤, 于贵瑞, 等. 黄土丘陵区两种主要退耕还林树种生态系统碳储量和固碳潜力 [J]. 生态学报, 2011, 31(15): 4277-4286.

[7] 郭泽德. 2007 年中国生物能源发展 10 大关键词（下）[EB/OL]. (2007-12-21) [2015-01-20]. http://finance.gansudaily.com.cn/system/2007/12/21/010555372.shtml.

[8] 王琳, 朱振旗, 徐春保, 等. 微藻固碳与生物能源技术发展分析 [J]. 中国农业大学学报, 2012, 17(6): 247-252.

[9] 李国伟, 赵伟, 魏亚伟, 等. 天然林资源保护工程对长白山林区森林生态系统服务功能的影响评价 [J]. 生态学报, 2015, 35(4): 46-51.

[10] 段晓男, 王效科, 逯非, 等. 中国湿地生态系统固碳现状和潜力 [J]. 生态学报, 2008, 28(2): 116-123.

[11] 邱均平, 马瑞敏, 程妮. 利用 SCI 进行科研工作者成果评价的新探索 [J]. 中国图书馆学报, 2007, 33(4): 11-16.

[12] Chen C, Morris S. Visualizing evolving networks: Minimum spanning trees versus pathfinder networks [C]// IEEE Conference on Information Visualization. IEEE Computer Society, 2003: 67-74.

第 4 章　海洋固碳技术专利分析

海洋固碳，是指通过海洋"生物泵"的作用进行固碳，即由海洋生物进行有机碳生产、消费、传递、沉降、分解、沉积等系列过程，从而实现"碳转移"。浮游植物的光合作用是一种重要的方法，每年固碳约 45Pg[1]。浮游植物形成的某些特定有机物沉淀在海底，从而达到固碳。近海养殖大型经济藻类的人为固碳可吸收包括碳在内的多种生源要素，在海洋固碳中也起一定作用，海藻（主要为经济海藻）经采收后在陆地上被利用，这样可从海水中"取出"大量的碳。此外，还有海岸带植物群落固定碳[2]、贝类通过碳酸钙泵固定碳[3] 等。

本章以海洋固碳领域技术为研究对象，开展全球专利分析，以了解该领域的专利研发态势。本章将分析主要国家 / 地区的研发分布与技术优势，并进一步把握主要机构与发明人掌握的重要专利技术信息，为我国相关技术的研究、开发和应用提供参考建议。

本章选取了德温特专利索引（Derwent Innovations Index，DII）作为数据来源，海洋固碳领域专利的检索截止日期为 2015 年 4 月 25 日。本章在采集海洋固碳领域专利时，通过文献调研和专家咨询，构建了如下检索式：TS=(ocean OR sea OR shellfish) AND (TS=("carbon Fixat*" OR "Carbon stock*" OR "carbon pool*" OR "carbon sequestrat*" OR "carbon sequestered" OR "carbon storag*" OR "carbon sink" OR "carbon dioxide fixat*" OR "Carbon dioxide stock*" OR "carbon dioxide pool*" OR "carbon dioxide sequestrat*"

OR "carbon dioxide sequestered" OR "carbon dioxide storag*" OR "carbon dioxide sink" OR "CO2 Fixat*" OR "CO2 stock*" OR "CO2 pool*" OR "CO2 sequestrat*" OR "CO2 sequestered" OR "CO2 storag*" OR "CO2 sink" OR "Sequester* carbon dioxide") OR TS=("biological pump" OR "solubility pump" OR "carbonate pump"))。通过上述方法进行检索并对结果进行清洗，共得到海洋固碳相关专利 38 件。

4.1 海洋固碳专利发展状况分析

4.1.1 专利申请量年度变化趋势

海洋固碳专利申请量的发展趋势如图 4.1 所示。总体来看，全球海洋固碳技术起步较晚，虽然近几年专利数量有所增长，但发展速度较慢。目前来看，海洋固碳技术专利的发展可以分为两个阶段：① 1999—2006 年是海洋固碳技术专利申请的萌芽时期，专利申请数量极少，年均申请量 1.5 件；② 2007—2014 年，海洋固碳技术专利数量相对第一阶段增长 1 倍以上，特别是 2007 年相关专利申请数量出现较大增加，但之后年份的增长趋势并不明显。

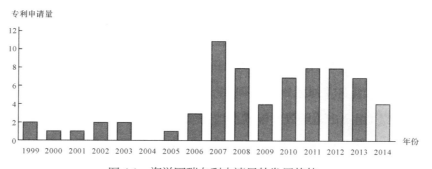

图 4.1　海洋固碳专利申请量的发展趋势

注：由于专利从申请到公开再到数据库收录，会有一定时间的延迟，图中 2013—2014 年特别是 2014 年的数据会大幅小于实际数据，仅供参考。数据时间截至 2015 年 1 月 12 日。

4.1.2　专利发明人与技术条目年度变化趋势

1999 年以来，海洋固碳技术不断发展，大量的新发明人不断进入这一研发领域，更多的跨行业技术和新技术也被用于推动该领域的发展。近年来海洋固碳专利发明人和技术条目的发展趋势如图 4.2 所示。

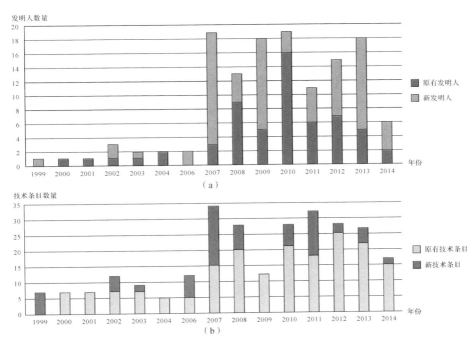

图 4.2　海洋固碳专利发明人和技术条目的发展趋势

图 4.2（a）反映出海洋固碳专利发明人随时间发展变化的情况。总体来看，总发明人数量呈现出上升趋势，特别是 2007 年后新发明人数量呈现出快速上涨趋势。和技术条目类似，发明人的发展主要分为两个阶段：① 1999—2006 年，发明人数量较少，海洋固碳的研发力量还较为薄弱，其中 2002 年、2006 年发明人有所增多，但不具有持续性；② 2007—2014 年，发明人数量较第一阶段增加 3 倍以上，且 2008 年后每年发明人数量基本

都超过 10 人，这个时期有一批新发明人涌入该领域，特别是 2007—2009 年，新发明人数量占总发明人数量比例远超过 50%。

图 4.2（b）反映出海洋固碳技术条目随时间发展变化的情况。技术条目总体上保持上升趋势，并呈波浪式上升。技术条目的发展主要分为两个阶段：① 1999—2006 年，技术条目数量较少且不稳定，2002 年出现较多新技术条目，但其后几年技术条目又较少，并没有形成持续发展；② 2007—2014 年期间，2010 年以前技术条目数量出现快速上升趋势，每年都有大量新技术条目出现，但 2011 年之后，技术条目更新速度放缓，这表明 2007—2010 年间海洋固碳技术革新速度较快，但之后发展较慢。

4.2 海洋固碳专利技术分布状况分析

4.2.1 技术分布分析

根据《国际专利分类表》（International Patent Classification，IPC）对海洋固碳技术涉及的应用领域开展分析，可知目前海洋固碳专利主要涉及农业畜牧业的养殖、气体净化、碳测量设备和方法、处理方法等（见表 4.1）。农业畜牧业的养殖技术专利主要涉及农业养殖或培养相关领域，包括影响天气条件的装置或方法，水培及无土栽培，海菜的栽培，以及鱼类、贻贝、蛤蜊、龙虾、海绵、珍珠等的养殖等。气体净化技术专利主要包括通过吸收作用分离气体、去除碳氧化物、生物方法净化废气、CO_2 等。

4.2.2 近年技术分布变化分析

进一步分析海洋固碳技术领域的专利申请数量、时间跨度与近年技术热点，得到海洋固碳专利申请量较多的 11 个专利技术领域及其申请情况（见表 4.2）。可以看出，相关专利技术主要集中在鱼类、贻贝、蛤蜊、龙虾、海绵、珍珠等的养殖（28.95%），去除碳氧化物（23.68%），影响天气条件的装置或方法（15.79%），以及生物方法净化废气（15.79%）上。

表 4.1　海洋固碳专利技术覆盖领域分类

序号	覆盖领域	IPC 分类小组	技术领域
1	农业畜牧业的养殖	A01G-015/00	影响天气条件的装置或方法
		A01G-031/00	水培及无土栽培
		A01G-033/00	海菜的栽培
		A01K-061/00	鱼类、贻贝、蛤蜊、龙虾、海绵、珍珠等的养殖
2	气体净化	B01D-053/14	通过吸收作用分离气体
		B01D-053/62	去除碳氧化物
		B01D-053/84	生物方法净化废气
		C01B-031/20	CO_2
3	碳测量设备和方法	B63B-022/00	浮标
		G06Q-040/00	金融；保险；税务策略；公司或所得税的处理
4	处理方法	B01J-019/00	物理、化学方法

表 4.2　海洋固碳专利申请量前 11 个专利技术领域及其申请情况

覆盖领域	IPC 分类小组	技术领域	申请量	时间跨度	2013—2014 年申请量	2013—2014 年申请量占比
农业畜牧业的养殖	A01G-015/00	影响天气条件的装置或方法	6	1999—2013 年	1	17%
	A01G-031/00	水培及无土栽培	4	1999—2008 年	0	0
	A01G-033/00	海菜的栽培	4	2003—2013 年	1	25%
	A01K-061/00	鱼类、贻贝、蛤蜊、龙虾、海绵、珍珠等的养殖	11	1999—2014 年	3	27%
气体净化	B01D-053/14	通过吸收作用分离气体	3	2010—2014 年	3	100%
	B01D-053/62	去除碳氧化物	9	2007—2014 年	5	44%
	B01D-053/84	生物方法净化废气	6	2007—2014 年	4	67%
	C01B-031/20	CO_2	3	2005—2014 年	2	67%
碳测量设备和方法	B63B-022/00	浮标	3	2008—2013 年	1	33%
	G06Q-040/00	金融；保险；税务策略；公司或所得税的处理	3	2008—2011 年	0	0
处理方法	B01J-019/00	物理、化学方法	5	1999—2013 年	2	40%

从时间跨度来看，农业畜牧业的养殖方面的海洋固碳技术出现相对较早；影响天气条件的装置或方法，水培及无土栽培，鱼类、贻贝、蛤蜊、龙虾、

海绵、珍珠等的养殖在 1999 年就已经出现; 海菜的栽培在 2003 年左右出现。气体净化方面, 海洋固碳相关专利在 2005 年后出现, 其中生物方法净化废气在 2007 年才出现。

  从技术热点来看, 气体净化和农业畜牧业的养殖领域中的技术相对发展较快。其中, 通过吸收作用分离的气体专利都为 2013—2015 年申请, 生物方法净化废气及 CO_2 2012—2014 年的专利申请量达到总专利数量的67%, 气体净化技术领域整体良好发展。浮标, 物理、化学方法, 海菜的栽培, 鱼类、贻贝、蛤蜊、龙虾、海绵、珍珠等的养殖也有一定发展。

  2012—2014 年新增的主要海洋固碳技术条目如表 4.3 所示。在水下植物的收获方面, 浙江海洋大学发明了贝类藻场集中采收分离器, 其分离滚筒能高速有效分离贝藻, 提高贝藻场区碳汇能力。在用衰减波浪减少船只运动方面, Lambert K K 发明了一种装置, 用于验证 100 年海平线下的固碳, 其具有用于颁发获利或流通证明的电脑应用系统。

表 4.3   2012—2015 年新增的主要海洋固碳技术条目情况

IPC 分类大组	技术领域首次出现时间	技术领域	申请量	涉及技术
C12N-001/20	2014 年	水下植物的收获	2	贝类藻场集中采收分离器
B63B-039/10	2013 年	衰减波浪减少船只运动的船用设备	2	用于 100 年海平线下测定海洋含碳量的装置

4.3   海洋固碳专利主要国家 / 地区情况分析

4.3.1   主要国家 / 地区专利申请发展变化分析

  海洋固碳专利申请量前 7 位国家 / 地区（基于同族专利国）的年度分布情况如图 4.3 所示, 相应申请量不少于 4 件。这些国家 / 地区分别是美国、世界知识产权组织、中国、日本、澳大利亚、英国、欧洲专利局。

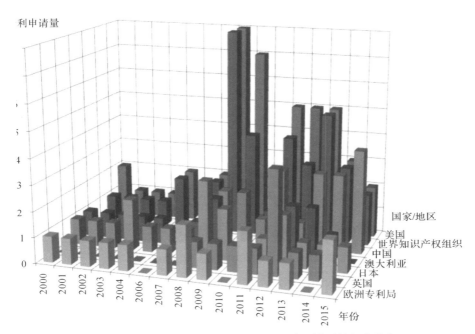

图 4.3　海洋固碳专利申请量前 7 位国家 / 地区的年度分布

美国在海洋固碳领域较早开始专利申请，总申请量和年申请量长期处于领先地位，发展趋势与该领域全球总体趋势基本一致。美国最早在 2000 年有两件海洋固碳领域相关专利申请：刺激浮游植物生长（包括脉冲式施肥）以封存海洋中的 CO_2；公海封存 CO_2 以应对全球气候变暖。

中国是海洋固碳领域专利领域的后起之秀。中国出现相关专利申请较晚，2007 年申请的专利涉及水环境中封存 CO_2 的方法。虽然中国申请的相关专利数量较少，但近年来相关专利申请数量上升，保持着一定的发展势头。

日本、澳大利亚、英国的相关专利也有一定的发展，但专利申请数量较少，与美国和中国相比还存在一定差距。

4.3.2   主要国家 / 地区专利申请量与优先权专利分析

海洋固碳专利申请量前 7 位国家 / 地区（基于同族专利国）的排名情况如图 4.4 所示。申请量较多基本意味着优先权专利的数量较多。从专利占比来看，美国专利申请量占到全球总量的 50% 左右，大幅领先于其他国家 / 地区。在优先权专利方面，美国大幅领先，中国次之，日本、澳大利亚、英国优先权专利数量较少且相差不大。此外，从图中可以发现，绝大多数国家 / 地区的优先权专利数量与专利申请量接近，反映出目前专利多为本国专利权人在本国申请，而在国外申请专利的情况较少。

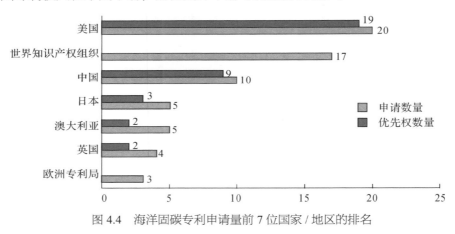

图 4.4   海洋固碳专利申请量前 7 位国家 / 地区的排名

4.3.3   主要国家 / 地区专利技术优势分析

海洋固碳优先权专利主要国家 / 地区（基于优先权国，依次是美国、中国、日本、澳大利亚、英国）的技术布局情况（基于 IPC 小组）如图 4.5 所示，海洋固碳优先权专利主要国家 / 地区专利技术分布情况如表 4.4 所示。在海洋固碳专利各主要技术领域中，美国、中国的优先权专利占比较高，基本占到各领域专利数量的 50% 以上。各国在技术布局上各有特色，例如美国在各主要领域都有专利布局，澳大利亚主要布局在去除碳氧化物领域，日本主要布局在通过吸收作用分离气体、CO_2 领域。

表 4.4　海洋固碳优先权专利主要国家／地区专利技术分布

国家	优先权专利数量	2012—2014年专利数所占比例	TOP 技术领域及专利数量	发展较快的技术领域
美国	19	21%	鱼类、贻贝、蛤蜊、龙虾、海绵、珍珠等的养殖（5）；影响天气条件的装置或方法（5）；去除碳氧化物（4）；物理、化学方法（4）；水培及无土栽培（4）	
中国	9	78%	鱼类、贻贝、蛤蜊、龙虾、海绵、珍珠等的养殖（5）；生物方法净化废气（2）；海菜的栽培（2）；水下植物的收获（2）；捕获牡蛎、贻贝、海绵等（2）	水下植物的收获；捕获牡蛎、贻贝、海绵等；鱼类、贻贝、蛤蜊、龙虾、海绵、珍珠等的养殖
日本	3	33%		紫菜的栽培；反应剂的再生、再活化或循环；一般碳酸盐或酸式碳酸盐的制备方法
澳大利亚	2	0	去除碳氧化物（2）	利用生物进行废水处理；去除碳氧化物
英国	2	0		采用扩散器的活性污泥法；水域的曝气；利用静水推力

4.4　海洋固碳专利权人和发明人分析

4.4.1　专利权人分析

各国在海洋固碳领域的具体实力体现在专利权人的研发与应用水平上。海洋固碳专利申请量较多的前 5 位专利权人的专利数量情况如图 4.6 所示。

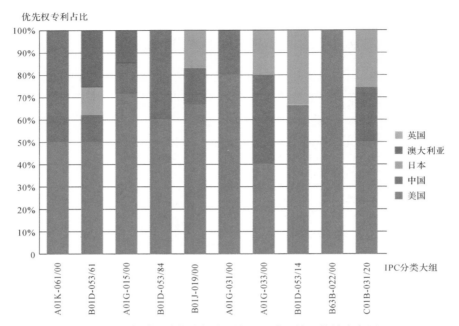

图 4.5　海洋固碳优先权专利主要国家 / 地区的技术布局

这些主要专利权人的专利数量并不多，最多只有 4 件，可见该领域尚未引起专利权人的特别重视。其中，2 个为机构，3 个为个人，专利数量都不少于 2 件；3 个来自美国，1 个来自中国，1 个来自英国。这些专利权人的具体数据如表 4.5 所示。以上专利权人的专利时间如图 4.7 所示。

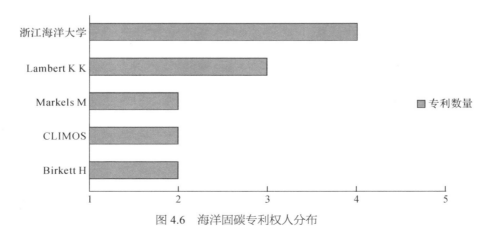

图 4.6　海洋固碳专利权人分布

表 4.5　海洋固碳前 5 位专利权人明细

国家	专利权人	专利数量	专利排名	占全部专利比例	TOP 技术领域及专利数量	发展较快的技术领域
美国	Lambert K K	3	2	7.89%	浮标（3）； 用衰减波浪减少船只运动（2）	浮标； 用衰减波浪减少船只运动
美国	CLIMOS	2	3	5.26%	专门适用于特定应用的数字计算或数据处理的设备或方法（2）	专门适用于特定应用的数字计算或数据处理的设备或方法； 将单个记录载体上的数据进行排序、选择、合并或比较的装置
美国	Markels M	2	3	5.26%	水培及无土栽培（2）	水培及无土栽培； 施肥方法； 其他无机肥料
英国	Birkett H	2	3	5.26%		利用静水推力； 采用扩散器的活性污泥法
中国	浙江海洋大学	4	1	10.53%	鱼类、贻贝、蛔蛄、龙虾、海绵、珍珠等的养殖（2） 捕获牡蛎、贻贝、海绵等（2）； 水下植物的收获（2）	鱼类、贻贝、蛔蛄、龙虾、海绵、珍珠等的养殖； 研究或分析材料的方法

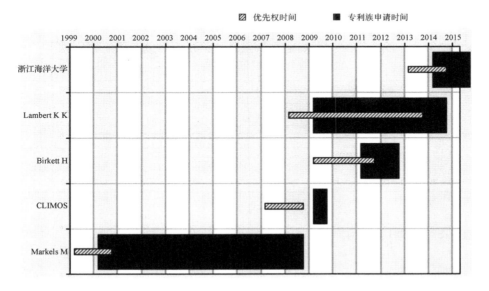

图 4.7　海洋固碳前 5 位专利申请人的专利时间

4.4.2 主要专利权人专利保护分析

专利保护区域及范围是专利申请人或专利权人对其专利技术进行目标区域保护及市场占有规划的重要反映。专利保护区域越广，保护范围越宽，专利技术潜在的市场占有范围也越大。海洋固碳前5位专利权人专利申请的保护区域分布情况如表4.6所示。

美国专利权人表现出对专利合作条约（Patent Cooperation Treaty，PCT）专利申请的重视，其中CLIMOS公司、Markels M申请了PCT专利。此外Markels M还在国际市场进行布局，各自在澳大利亚、日本、英国等国家进行专利申请。

中国浙江海洋大学除了在中国申请4件专利外，并没有在世界知识产权组织（WO）及其他国家/地区进行专利布局。国外专利权人也尚未在中国进行海洋固碳领域的专利布局，专利保护还较弱。

表 4.6　海洋固碳主要专利权人专利申请的保护区域分布

专利权人	保护区域									
	美国	WO	中国	澳大利亚	日本	英国	欧洲专利局	德国	西班牙	荷兰
浙江海洋大学			4							
Lambert K K	3									
Birkett H						2				
CLIMOS	2	1								
Markels M	2	1		1	1		1	1	1	1

4.4.3 发明人分析

海洋固碳专利申请量前11位发明人的专利情况如表4.7所示。其中，4位为个人，3位来自美国CLIMOS公司，4位来自浙江海洋大学。

表 4.7　海洋固碳专利申请量前 11 位发明人的专利情况

所在机构	发明人	专利数量	主要合作者	活跃年份	2012—2014 年专利数所占比例	TOP 专利技术领域及专利数量
CLIMOS	Leinen M	2	Whilden K（2）；Whaley D（2）	2007—2008	0	专门适用于特定应用的数字计算或数据处理的设备或方法（2）
	Whaley D	2	Whilden K（2）；Leinen M（2）	2007—2008	0	专门适用于特定应用的数字计算或数据处理的设备或方法（2）
	Whilden K	2	Leinen M（2）；Whaley D（2）	2007—2008	0	专门适用于特定应用的数字计算或数据处理的设备或方法（2）
个人	Lambert K K	3	无	2008—2013	33%	浮标（3）；B63B-039/10（2）；金融；保险；税务策略；公司或所得税的处理（2）
个人	Birkett H	2	无	2009—2011	0	无
个人	Liu B	2	无	2009—2013	50%	无
个人	Markels M	2	无	1999—2000	0	水培及无土栽培（2）
浙江海洋大学	Han Q	2	Xu J（2）；Xu M（2）；Jiang L（2）	2014—2014	100%	水下植物的收获（2）；捕获牡蛎、贻贝、海绵等（2）
	Jiang L	2	Xu J（2）；Xu M（2）；Han Q（2）	2014—2014	100%	水下植物的收获（2）；捕获牡蛎、贻贝、海绵等（2）
	Xu J	2	Xu M（2）；Han Q（2）；Jiang L（2）	2014—2014	100%	水下植物的收获（2）；捕获牡蛎、贻贝、海绵等（2）
	Xu M	2	Xu J（2）；Han Q（2）；Jiang L（2）	2014—2014	100%	水下植物的收获（2）；捕获牡蛎、贻贝、海绵等（2）

4.5　海洋固碳核心专利分析

　　核心专利是指在某技术领域中处于关键地位，对技术发展具有突出贡献或对其他专利或者技术具有重大影响且具有重要经济价值的专利[4]。专利被引频次从技术影响力和法律权利垄断地位两个方面反映了专利技术的重要性，被引频次高的专利往往就是质量高的专利。若一件专利被后来的多个专利引用，则表明该专利涉及的发明创造是一项比较核心或重要的技术。因此，专利被引频次适合用作核心专利的遴选指标。

　　专利申请国家 / 地区数量可从一个侧面反映出发明在经济和技术方面的重要性。由于专利保护具有地域性特点且专利审批制度早期公开延迟审查，形成了一组由不同或相同国家 / 地区出版的内容相同或基本相同的专利文献。专利申请人更愿意为具有经济价值和高技术质量的专利寻求多个国家 / 地区的专利保护。同时，如果专利最终被多国授予专利权，说明该专利经得起多方考验，具有较高的技术价值。因此，专利申请国家 / 地区数量也是遴选技术领域核心专利的指标。

　　本节综合考虑被引频次、技术保护范围等信息，并对专利名称和摘要信息进行判读，筛选出了多件重点专利。通过对专利详细信息的进一步解读，从中选取了 9 件核心专利，分别为被引频次最多的 5 件专利（见表 4.8）和申请国家 / 地区数量最多的 4 件专利（见表 4.9）。

表 4.8　被引频次最多的海洋固碳核心专利

序号	专利名称	专利号	申请日期	被引频次	来源国	专利权人	技术领域	用途	优点	是否在中国申请
1	Sequestering carbon in marine environments i.e. body of water which can be e.g. ocean, by applying aquatic herbicide to portion of aquatic plant biomass in water, where portion treated with herbicide becomes removed from total plant mass	US2004161364-A1; WO2004071996-A2; WO2004071996-A3	2003-02-10	14	美国	Carlson P S (CARL-Individual)	水培及无土栽培；海菜的栽培	该方法用于海洋中封存碳	主要是通过施肥剂来调节增加水体长海中藻类、浮游植物、光合细菌的生物量来固碳	否
2	Sequestering carbon dioxide in open oceans to counter global warming.	WO200065902-A; WO200065902-A1; AU200047986-A; US6200530-B1; EP1207743-A1; AU761848-B; JP2003523275-W; NZ515563-A; EP1913809-A2; EP1207743-B1; DE60039116-E; EP1913809-A3; ES2307510-T3	1999-05-04	10	美国	Markels M (MARK-Individual); GREENSEA VENTURE INC (GREE-Non-standard)	水培及无土栽培；物理、化学方法；水、废水或污水的生物处理；施肥方法；其他无机肥料；影响天气条件的装置或方法；鱼类、贻贝、蝌蚪、龙虾、海绵、珍珠等的养殖	深海 CO_2 封存肥料以限制浮游动物和鱼的生长	肥料随着时间推移在透光区释放养分，且不产生沉淀；有助于控制大气中 CO_2；通过增强海洋植物生长可以实现 CO_2 净流量的减少	否

续 表

序号	专利名称	专利号	申请日期	被引频次	来源国	专利权人	技术领域	用途	优点	是否在中国申请
3	Sequestering carbon dioxide in an ocean by stimulating growth of phytoplankton comprises applying a fertilizer in pulses	US6056919-A	1999-05-04	10	美国	Markels M (MARK-Individual)	水培及无土栽培	通过刺激浮游植物的生长从大气中封存CO₂,以控制大气中CO₂水平的增加可能导致的气候变化	运用肥料脉冲式刺激浮游植物生长	否
4	Composition, for e.g. sequestering fixed carbon below 100 year horizon of ocean, comprises inorganic nutrient formulation in inorganic solid matrix having net aggregate positive buoyancy and light reflective surface on it	US2009227161-A1; US8033879-B2	2009-05-10	5	美国	Lambert K K (LAMB-Individual)	去除碳氧化物;浮标的镇定装置;镜面反射率;金融;保险;税务策略;公司或所得税的处理;浮标	一种验证在100年海平线海洋固碳的设备		否

续　表

序号	专利名称	专利号	申请日期	被引频次	来源国	专利权人	技术领域	用途	优点	是否在中国申请
5	Method for exploiting ocean and its bottom, involves marine absorbing by plantation unit at least part of residual carbon dioxide not sequestered after combustion of part of methane mined from ocean bottom	US20080088171-A1; CN101344003-A; TW200833940-A	2008-04-17	4	美国	Cheng S (CHEN-Individual)	其他类目未涉及的从水下获取矿物;鱼类、贻贝、蛳蛄、龙虾、海绵、珍珠等的养殖;固体废物的清除	在海洋中开采甲烷、沉淀 CO_2 和海洋养殖的方法	该方法使用沼气开采设备将海底之沼气水化物和杂质磨成泥浆,CO_2 泥浆在从海底运到海面途中,从水化物分解出来的沼气被收集在沼气收集槽内,自此去净化工厂或合成液化天然气厂。将 CO_2 在施压情形下用特珠运输方法至海水中,该处压力够低而温度够高,使 CO_2 转变为水化物,CO_2 水化物一旦形成,由于它比海水重而降落海底,如无外界侵扰,它将长久沉贮海底,在海面上设置许多的养殖单位来栽培生长极快的植物和培养海鲜,并吸收其附近海域的 CO_2。本发明方法简便可行	否

表 4.9　申请国家/地区数量最多的海洋固碳核心专利

序号	专利名称	专利号	申请日期	申请国家/地区数量	来源国	专利权人	技术领域	用途	优点	是否在中国申请
1	Carbon dioxide fixation method involves electrolyzing seawater, separating anodic electrolyzed water and cathodic electrolyzed water which are generated from electrolysis of seawater and adjusting pH of anodic electrolyzed water	WO2012029757-A1; JP2012050905-A; AU2011297062-A1; CA2809350-A1; NO201300381-A; US2013180400-A1; GB2499134-A; SG187923-A1; AU2011297062-B2; JP5609439-B2; N201302022-P1	2012-03-08	9	日本	IHI CORP(ISHI-C); Iwamoto T(IWAM-Individual); Akamine K(AKAM-Individual); Okuyama J(OKUY-Individual)	物理、化学方法; CO_2; 去除碳氧化物; 一般碳酸盐或酸式碳酸盐的制备方法; 钙、锶或钡的碳酸盐; 通过吸收作用分离气体; 反应剂的再生、再活化或循环	固定 CO_2	可有效率地固碳	否
2	Sequestering carbon dioxide in open oceans to counter global warming	WO200065902-A; WO200065902-A1; AU200047986-A; US6200530-B1; EP1207743-A1; AU761848-B; JP2003523275-W; NZ515563-A; EP1913809-A2; EP1207743-B1; DE60039116-E; EP1913809-A3; ES2307510-T3	2000-11-09	8	美国	Markels M(MARK-Individual); GREENSEA VENTURE INC (GREE-Non-standard)	水培及无土栽培; 物理、化学方法; 水、废水或污水的生物处理; 施肥方法; 其他无机肥料; 影响制大条件的装置或方法; 鱼类、贻贝、蜊蛄、龙虾、海绵、珍珠等的养殖	深海 CO_2 封存肥料以限制大气中 CO_2。通过增强海洋植物和游动动物鱼的生长	肥料随着时间推移在透光区释放养分，且不产生沉淀。有助于控制大气中 CO_2。通过增强海洋生长，可以实现 CO_2 净流量的减少	否

续　表

序号	专利名称	专利号	申请日期	申请国家/地区数量	来源国	专利权人	技术领域	用途	优点	是否在中国申请
3	Method of sequestering carbon dioxide in aqueous environments, involves adding organisms of higher trophic level such as planktivorous fish to assessed area to produce particulate matter	WO2007014349-A2; US2007028848-A1; EP1907321-A2; CN101272984-A; JP2009502486-W; US7975651-B2; CN101272984-B; WO2007014349-A3	2007-02-01	5	美国	Lutz M J(LUTZ-Individual)	鱼类、贻贝、蝲蛄、龙虾、海绵、珍珠等的养殖；CO_2；影响天气；隔离水性环境中 CO_2 的方法；条件的装置或方法；物理、化学方法；水培及无土栽培；海菜的栽培	隔离水性环境中 CO_2 的方法	从水水表面和水颗粒去除污染物；OHTL 回收营养素快速有效	是
4	System for providing synergetic connection of power plant and reverse osmosis plant, has water receiving unit connected to absorber and receiving water with dissolved flue gas from absorber and removing dissolved carbon dioxide	WO2011151800-A2; WO2011151800-A3; US2013064745-A1; EP2576008-A2; CN102933282-A; EP2628525-A1; IN201203585-P2	2011-12-08	5	美国	IDE TECHNOLOGIES LTD(IDET-Non-standard)	通过吸收作用分离气体；去除碳氧化物；生物方法净化废气	将烟道气处理（特别是 CO_2 鳌合）与反渗透（RO）渗透物的硬化相结合	降低了电厂向大气排放 CO_2	是

89

4.6 小 结

本章通过对海洋固碳领域全球专利发展态势、技术分布、国家／地区分布、专利权人和发明人等开展分析，得到以下主要结论。

（1）全球海洋固碳专利申请起步较晚，2008年后专利数量和技术条目呈现出一定增长，新发明人持续涌入。全球海洋固碳技术起步较晚，虽然近几年专利数量有所增长，但发展速度较慢。技术条目数量出现一定增长，特别是2008—2011年间海洋固碳技术革新速度较快，但之后发展较慢。发明人数量呈现出上升趋势，且有大量的新发明人持续涌入该领域。

（2）2012—2014年全球海洋固碳热点专利技术主要集中在气体净化和农业畜牧业的养殖领域。其中，气体净化技术领域整体发展较快，通过吸收作用分离气体、生物方法净化废气技术、CO_2等气体净化技术2012—2014年的专利申请量达到总专利数量的67%以上。

（3）美国在海洋固碳领域专利申请起步较早，总申请量和年申请量长期处于领先地位，中国是海洋固碳领域专利领域的后起之秀，日本、澳大利亚、英国等国家相关专利也有一定的发展，但专利申请数量较少。美国最早在2000年有海洋固碳领域相关专利申请。

（4）专利权人的专利申请数量不多，海洋固碳领域还尚未引起组织机构和个人专利权人的特别重视，排名靠前的专利权人专利数量多为4件。美国的主要专利申请人大多为个人，企业申请相关专利较少；中国的专利申请人以大学为主，需要快速进行技术转移和转化。

（5）从专利保护力度来看，目前海洋固碳领域专利保护力度较弱，大多专利权人尚未在本国外的其他国家／地区进行专利布局。美国的企业和个人较为重视专利保护，除关注本国市场外，还在澳大利亚、日本、英国等国外申请专利保护。中国主要机构不够重视PCT专利的申请，截至2015年，浙江海洋大学等机构并没有申请PCT专利，也尚未在中国进行海洋固碳领域的专利布局。

（6）从专利发明人来看，专利申请量较多的 11 位发明人中，4 位为个人，3 位来自美国 CLIMOS 公司，4 位来自浙江海洋大学。

参考文献

[1] Falkowski P, Scholes R J, Boyle E, et al. The global carbon cycle: a test of our knowledge of earth as a system [J]. Science, 2000, 290(5490): 291-296.

[2] Duarte C M, Middelburg J J, Caraco N. Major role of marine vegetation on the oceanic carbon cycle [J]. Biogeosciences, 2005, 2(1): 1-8.

[3] 张继红 , 方建光 , 唐启升 . 中国浅海贝藻养殖对海洋碳循环的贡献 [J]. 地球科学进展 , 2005, 20(3): 359-365.

[4] 韩志华 . 核心专利判别的综合指标体系研究 [J]. 中国外资 , 2010(2): 193-196.

第5章 土壤固碳技术专利分析

土壤固碳是指土壤通过生物或非生物过程从大气中捕获并长期储存 CO_2，从而有效降低区域 CO_2 浓度，减少温室效应[1]。在全球碳循环中，土壤碳库是森林和其他植被碳库的 5 倍，是大气碳库的 2~3 倍，是全球碳循环的核心内容，而土壤碳库中 60% 的碳是以有机质的形式存在于土壤中的[2]。据估计，全球土壤有机碳的封存潜力为每年 0.4~1.2Pg，相当于全球化石燃料排放的 5%~10%[3]。农田土壤固碳是《京都议定书》认可的有效减排途径，拥有巨大的固碳潜力[4]。联合国政府间气候变化专门委员会（IPCC）建议，89% 的农业温室气体减排潜力在于提高农业土壤固碳水平上[5]。

土壤固碳主要是通过提高有机质含量来实现的，有机质的重要组成成分是腐殖质，它是有机碳的稳定形态。目前，团聚体形成作用被认为是最重要的土壤碳固定机制，矿物微粒通过团聚把腐殖质包围起来，形成稳定的状态而使其不被降解[6]。土壤腐殖质水平代表着土壤中根本的碳储存水平。相对于其他有机复合物，腐殖质水平变化较慢。由于有机物是所有腐殖质的来源，土壤中的有机物越多，土壤中碳水平就越高。

由于土壤具有巨大的有机碳库，其微小的变化将对全球温室效应和气候变化产生重要影响。同时土壤碳库和地上部植物之间有密切关系，土壤有机碳的固定、积累和分解影响着全球碳循环，外界条件的变化也强烈影响着植物的生产和土壤中微生物对土壤沉积碳的分解过程。因此，增加有机碳固存不仅为植被生长及微生物活动提供碳源，维持土壤良好的物理结构，促进土壤中植物可利用态养分的释放与转化，同时也是减少大气中 CO_2 等温室气体含量的一个有效、持续的措施。

本章针对土壤固碳领域相关技术进行深入的专利分析，目的在于摸清国内外土壤固碳领域的技术发展状况，以期为研究工作者提供信息参考和技术指导。

本章基于 DII 专利数据库，通过专家咨询和参考文献的方式确定关键词，进而确定检索式（见表 5.1），将检索结果合并去重，通过主题限定条件，检索全球关于土壤固碳技术的相关专利。

表 5.1　土壤固碳专利检索式

序号	检索式
1	TS=(soil AND (" carbon Fixat*" OR " Carbon stock*" OR "carbon pool*" OR "carbon sequestrate*" OR "carbon sequestered" OR "carbon storag*" OR "CO2 Fixat*" OR " CO_2 stock*" OR "CO2 pool*" OR "CO2 sequestrate*" OR "CO2 sequestered" OR "CO2 storag*"))
2	TS=("soil organic carbon" OR "Soil carbon saturation")

按照上述检索方法，共得到 42 条记录，检索日期截至 2015 年 1 月 22 日，然后对这 42 个专利一一解读，去除不相关记录，最终筛选出 34 件土壤固碳相关专利。本章的分析都是基于这 34 件专利展开的。

5.1　土壤固碳专利发展状况分析

对专利申请时间进行分析，可以清楚地展示某一领域的发展脉络。沿时间轴分布的专利文献的数量是时间的函数，其数值与变化趋势反映了技术的不同发展阶段（起始、发展及衰落），就整体而言则是反映了技术的发展历史。

全球土壤固碳专利申请数量的发展趋势如图 5.1 所示。从图中可以看出，关于该方面的专利从 2008 年才开始出现，且至 2014 年专利申请数总体上呈升趋势，但数量上还没有大的突破。这表明，国内外对土壤固碳技术应用方面的关注起步较晚，但随着碳排放的逐年增加，国际社会对这方面的关注程度也越来越大，其应用需求也愈发明显。因此，未来可能还会有大量的机构（包括科研机构和企业研发部门等）进军土壤固碳技术研究领域。

图 5.1　土壤固碳专利申请数量的发展趋势

5.2　土壤固碳专利主要国家情况分布

全球土壤固碳专利申请数的国家分布如图 5.2 所示。从图中可以看出，土壤固碳技术专利申请主要集中在中国、美国、韩国、澳大利亚和日本。其中，中国和美国的土壤固碳专利申请总量约占全球土壤固碳专利申请总量的 82%（共 28 件），由此可见，中国和美国在土壤固碳技术研究方面具有较强的实力。

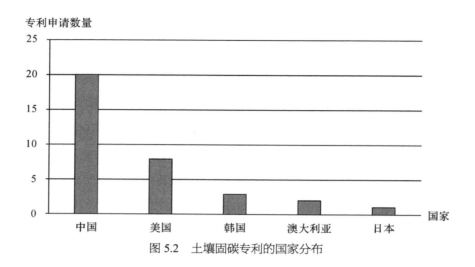

图 5.2　土壤固碳专利的国家分布

5.3　土壤固碳专利权人分析

5.3.1　专利权人分析

　　通过不同专利权人在某一领域申请专利的数量可以看出哪些企业、机构或个人在该领域拥有领先地位，在研发创造方面有一定的实力，能够引领整个行业的发展。土壤固碳技术领域申请专利的专利权人的明细情况如表 5.2 所示。可以看出该领域各专利权人申请专利比较平均，没有特别大的差距。申请数量最多的专利权人是中国科学院亚热带农业生态研究所，稍处领先地位，共申请专利 3 件；黑龙江省科学院自然与生态研究所、南京信息工程大学和韩国林业管理局次之，均为 2 件；其余的均为 1 件。这说明该技术的专利还处于分散阶段，各专利权人的竞争比较激烈，都想通过申请专利来获得技术保护，争取更大的利益。从专利权人的性质来看，有研究所、高校、公司和个人，其中可以发现申请数量最多的中国的 16个专利权人中有 12 个为研究所和高校，仅有 1 个专利权人为公司。这表明，对于土壤固碳技术，我国研究所和高校为主要产出机构，且该技术还处于基础研发阶段，要进入商业化应用阶段尚需时日。

表 5.2　土壤固碳专利权人明细

专利权人	所属国家	专利的技术领域	专利数量	占全部专利数量的百分比
中国科学院亚热带农业生态研究所	中国 （其中 12 个为研究所和高校）	借助于测定材料的化学或物理性质来测试或分析材料；微生物或酶其组合物；含酶或微生物的测定或检验方法	3	8.8%
黑龙江省科学院自然与生态研究所		农业或林业的整地，一般农业机械或农具的部件、零件或附件	2	5.9%
南京信息工程大学		借助于测定材料的化学或物理性质来测试或分析材料	2	5.9%
农业部环境保护科研监测所		污染的土壤的再生	1	2.9%
中国环境科学技术研究院		借助于测定材料的化学或物理性质来测试或分析材料	1	2.9%
中国科学院东北地理与农业生态研究所		借助于测定材料的化学或物理性质来测试或分析材料	1	2.9%
福建省农业科学院农业生态研究所		园艺；蔬菜、花卉、稻、果树、葡萄、啤酒花或海菜的栽培；林业；浇水	1	2.9%
四川省林业调查规划院		电数字数据处理	1	2.9%
中国科学院新疆生态与地理研究所		农业或林业的整地；一般农业机械或农具的部件、零件或附件	1	2.9%
西北农林科技大学		由一种或多种肥料与无特殊肥效的物质所组成的混合物	1	2.9%
上海交通大学		微生物或酶；其组合物	1	2.9%
浙江大学		非金属元素；其化合物	1	2.9%
杭州鑫伟低碳技术研发有限公司		含碳物料的干馏生产煤气、焦炭、焦油或类似物	1	2.9%
Cong F		有机肥料，如用废物或垃圾制成的肥料	1	2.9%
Zhou J		有机肥料，如用废物或垃圾制成的肥料	1	2.9%
Yang T		由一种或多种肥料与无特殊肥效的物质所组成的混合物	1	2.9%

续　表

专利权人	所属国家	专利的技术领域	专利数量	占全部专利数量的百分比
北卡罗来纳州立大学	美国	含碳物料的干馏生产煤气、焦炭、焦油或类似物	1	2.9%
马里兰大学		纤维状填料以外的无机材料的处理以增强它们的着色或填充性能；借助于测定材料的化学或物理性质来测试或分析材料	1	2.9%
雪城大学		借助于测定材料的化学或物理性质来测试或分析材料；专门适用于行政、商业、金融、管理、监督或预测目的的数据处理系统或方法	1	2.9%
地球复兴科技有限公司		污染的土壤的再生；种植，播种，施肥	1	2.9%
Constantz B, Youngs A		不包含的各种应用材料	1	2.9%
Shepard B		含碳物料的干馏生产煤气、焦炭、焦油或类似物	1	2.9%
Young C, Lin C		种植；播种；施肥	1	2.9%
Tilman G D, Fornara D, Hill J 等		园艺；蔬菜、花卉、稻、果树、葡萄、啤酒花或海菜的栽培；林业；浇水	1	2.9%
Hayes B		人体、动植物体或其局部的保存	1	2.9%
悉尼大学	澳大利亚	借助于测定材料的化学或物理性质来测试或分析材料	1	2.9%
韩国高丽大学	韩国	电数字数据处理	1	2.9%
韩国林业管理局		氮肥；由一种或多种肥料与无特殊肥效的物质所组成的混合物	2	5.9%
住友林业有限公司	日本	园艺；蔬菜、花卉、稻、果树、葡萄、啤酒花或海菜的栽培；林业；浇水	1	2.9%

5.3.2　专利保护分析

土壤固碳重要专利（排名前 10 位，排名 10 位以后的被引频次均为 0）所属国家的被引频次情况如表 5.3 所示。土壤固碳重要专利申请的保护区域分布情况如表 5.4 所示。中国和美国在被引频次和专利数量方面都有很好的表现。被引频次排名前 10 位的专利中，前 5 件都属于美国，这表明美国在土壤固碳技术专利方面影响力较大，具有绝对的优势；而中国虽然在数量上多于美国，但其影响力远远低于美国，因此我国在该领域专利的质量及影响力还有待加强。此外，仅美国和澳大利亚有极少数专利申请了国外保护，这表明各国对土壤固碳专利的保护意识还不强。

表 5.3　土壤固碳重要专利被引频次

公布日期	专利号	专利发明人	专利权人	专利名称	所属优先国家	被引频次
2009-10-08	US2009250331-A1	UNIV NORTH CAROLINA STATE, UNIV NORTH CAROLINA	UNIV NORTH CAROLINA	生物质自热式干燥设备	美国	19
2011-10-06	US2011240916-A1	Constantz B, Youngs A	Constantz B, Youngs A	形成非胶凝组合物（如纸制品）来沉淀 CO_2 的方法	美国	5
2009-06-04	US2009139139-A1	Tilman G D, Fornara D, Hill J 等	Tilman G D, Fornara D, Hill J 等	草地和豆科植物混合碳的监测方法	美国	4
2011-10-20	US2011252699-A1	Shepard B	Shepard B	一种生物炭的制备方法	美国	3
2011-02-03	US2011027017-A1	Atkin B, Gong T, Harmon J 等	EARTH RENAISSANCE TECHNOLOGIES LLC	一种土壤根际的碳封存方法	美国	2
2011-03-09	CN101984353-A	Li Q, Wang R, Zhang H 等	UNIV NANJING INFORMATION SCI & TECHNOLOGY	一种生态林土壤有机碳储量估算方法	中国	2
2012-04-25	CN102424642-A	Geng Z, She D, Zhang B 等	UNIV NORTHWEST A & F	一种生物炭基缓释氮肥的生产方法	中国	1
2011-12-08	WO2011150472-A1	Mcbrateney A, Minasny B, de Gruijter J 等	UNIV SYDNEY	单位土地面积量化土壤碳含量方法	澳大利亚	1
2010-10-27	CN101869037-A	Weng B, Wang Y, Ying C 等	FUJIAN ACAD AGRIC SCI AGRIC ECOLOGICAL I	一种提高果园碳固存的豆科牧草的套种方法	中国	1
2010-07-28	CN101787293-A	Chen Y, Yang Z	HANGZHOU XINWEI LOW CARBON TECHNOLOGY R&D CO LTD	一种用于区域生态贮碳低排系统	中国	1

表 5.4　土壤固碳重要专利申请的保护区域分布

序号	专利号	所属国家	保护区域											
			US	CN	JP	KR	AU	WO	CA	EP	IN	RU	MX	HK
1	US2009250331-A1	美国	1	1	1	1	1	1	1	1	1	1	1	1
2	WO2011150472-A1	澳大利亚	1				1	1	1	1	1			
3	US2011240916-A1	美国	1											
4	US2009139139-A1	美国	1											
5	US2011252699-A1	美国	1											
6	US2011027017-A1	美国	1											
7	CN101984353-A	中国		1										
8	CN102424642-A	中国		1										
9	CN101869037-A	中国		1										
10	CN101787293-A	中国		1										

注：表中国家／地区代码对应如下。US：美国；CN：中国；JP：日本；KR：韩国；AU：澳大利亚；WO：世界知识产权组织；CA：加拿大；EP：欧洲专利局；IN：印度；RU：俄罗斯；MX：墨西哥；HK：中国香港。

5.4　土壤固碳专利技术分类分析

　　土壤固碳领域的 34 件专利共涉及 5 个 IPC 部类，其中 C 类最多（15 件），占全部申请总量的 44.11%，具体分布如图 5.3 所示。

　　通过统计分析土壤固碳专利所使用的主分类号，发现土壤固碳专利技术分类共涉及 21 个小类。选取专利申请集中分布的数量多于 3 件的 IPC 小类进行分析，进而对每一小类中的各关键技术领域进行剖析（见图 5.4 和表 5.5）。目前土壤固碳主要集中在 G01N、A01G、C05F、C05G 等技术领域中，其中 G01N 领域最多，达 13 件，占土壤固碳专利申请总量的 21.31%，目前国际上关于土壤固碳技术方面的研究比较倾向于这些技术领域。

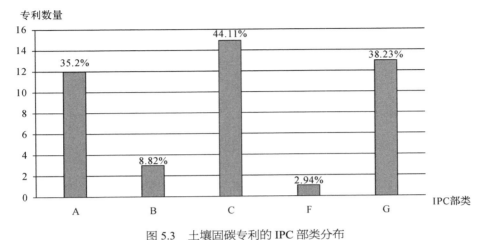

图 5.3　土壤固碳专利的 IPC 部类分布

注：图中字母对应如下。A：农业；B：作业，运输；C：化学，冶金；F：机械工程，照明，加热，武器，爆破；G：物理

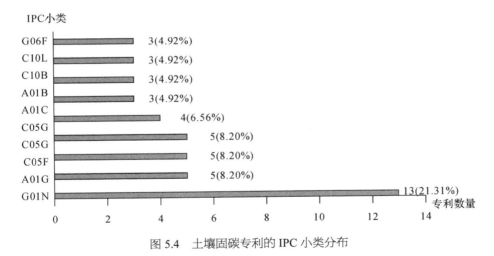

图 5.4　土壤固碳专利的 IPC 小类分布

注：图中代码对应如下 G01N：借助于测定材料的化学或物理性质来测试或分析材料。A01G：园艺；蔬菜、花卉、稻、果树、葡萄、啤酒花或海菜的栽培；林业；浇水。C05F：不包含在 C05B、C05C 小类中的有机肥料，如用废物或垃圾制成的肥料。C05G：肥料混合物；由一种或多种肥料与无特殊肥效的物质，如农药、土壤调理剂、润湿剂所组成的混合物。A01C：种植；播种；施肥。A01B：农业或林业的整地；一般农业机械或农具的部件、零件或附件。C01B：非金属元素；其化合物。C10L：天然气；通过一定方法得到的合成天然气；液化石油气；在燃料或火中使用添加剂；引火物。G06F：电数字数据处理。

表 5.5 土壤固碳技术关键技术领域

IPC 分类号		各国对应的专利数量	占该技术主题的百分比	技术主题含义	具体技术要点
G01N	G01N33	中国（4） 美国（1） 澳大利亚（1）	46.15%	利用地面材料来测试或分析材料	通过测量、估 / 计算等方法来确定土壤有机碳或草原碳汇的含量
	G01N31	中国（2） 美国（1）	23.08%	利用规定的化学方法对非生物材料的测试或分析	
	G01N05	中国（3）	23.08%	用称量法分析材料	
	G01N01	中国（1）	7.70%	取样，制备测试用的样品	
	G01N21	中国（1）	7.70%	利用光学手段来测试或分析材料	
A01G	A01G01	中国（3） 美国（1）	80%	园艺；蔬菜的栽培	通过合理的种植方法，提高土壤根际微生物活性，从而增加土壤固碳的能力
	A01G07	中国（1）	20%	花卉处理	
C05F	C05F11	中国（4）	80%	有机肥料	通过合理增施有机肥料，使土壤有机质含量增加而提高土壤固碳能力
	C05F09	中国（1）	20%	自家庭或市政垃圾制成的肥料	
C05G	C05G01	中国（2）	40%	肥料混合物	通过将化肥进行适当混合，使肥效达到最优化，施于土壤从而增加木材碳吸收和土壤碳储存的能力
	C05G03	中国（2）	40%	一种或多种肥料与无特殊肥效组分的混合物	
	C05G05	韩国（1）	20%	以形状为特征的肥料	
A01C	A01C21	中国（2） 美国（2）	100%	施肥方法	通过施肥方法的优化，提高土壤固碳的能力

5.5 土壤固碳技术专利解读

笔者对以上 34 件专利进行了一一解读（见表 5.6），以便更直观、更系统地了解该领域的关键技术及各专利的用途和优势等，从而为该领域的研究及专利申请人员提供相关资讯。

表 5.6 土壤固碳技术专利解读

序号	专利名称	专利号	申请日期	申请国家/地区数量	来源国	专利权人	技术领域	用途	优势
1	一种用于测量土壤有机碳含量的装置	CN103940980-A	2014-04-29	1	中国	中国环境科学技术研究院	借助于测定材料的化学或动物理性质来测试或分析材料	用于测定土壤有机碳含量	具有操作方便、成本低、分析速度快、可批量进行等特点
2	在一定草原面积内确定碳汇变化的方法	US201415549-A1	2013-11-19	1	美国	雪城大学	借助于测定材料的化学或物理性质来测试或分析材料	用于估算牧草原固碳量	对因放牧而损失的草原面积提供补偿，并可通过放牧动物实现碳转移
3	一种以杨树枝条及落叶为原料的生物活性肥料及施用方法	CN103483019-A	2013-08-28	1	中国	Zhou J	种植；播种；施肥	用于制作肥料，以促进种子生长，提高其耐盐、耐旱及固碳能力等	活化根际土壤中的有益微生物，增强光合作用，提高植物固碳能力等
4	一种蓝藻-水稻复合经营的固碳与固氮的方法	CN103215206-A	2013-04-12	1	中国	上海交通大学	园艺；果树及蔬菜等的栽培；林业；浇水	用于稻田的碳氮固定	该方法能高效高质地提高稻田固碳的能力，同时能很好地改良土壤
5	一种喀斯特地区土壤养分储量取样与计算方法	CN103235103-A	2013-04-09	1	中国	中国科学院亚热带农业生态研究所	借助于测定材料的化学或物理性质来测试或分析材料	用于取样和估算喀斯特土壤营养	简单易行，操作性强、方便，省时，能准确获取喀斯特地区土壤养分储量的数据
6	基于森林资源的林业碳计量方法	CN103279686-A	2013-06-20	1	中国	四川省林业调查规划院	电数字数据处理	用于城市森林碳源计算	提供了融合地理空间扩展方木立木生物量空间扩展方程，建立过程更简单，应用范围更广

续表

序号	专利名称	专利号	申请日期	申请国家/地区数量	来源国	专利权人	技术领域	用途	优势
7	一种森林土壤有机碳建模的方法	KR2013115567-A	2012-04-12	1	韩国	韩国大学	电数字数据处理	用于森林土壤碳建模	通过提供森林土壤碳模型的信息能很容易地估算出森林土壤的碳储量。
8	一种飞播林沙质土壤有机碳储量测定的方法	CN103018401-A	2012-12-13	1	中国	南京信息工程大学	借助于测定材料的化学或物理性质来测试或分析材料	用于飞播林沙质土壤有机碳储量的测定	指导干旱半干旱区以植树种草为核心的CO_2生物减排工程的规划、设计及客观实践
9	有机生态土壤改良剂及其制备方法	CN102875259-A	2012-10-01	1	中国	Yang T	由一种或多种肥料与无特殊肥效的物质, 如农药, 土壤调理剂, 润湿剂组成的混合物	作为有机生态土壤改良剂	能极大地改变土壤中的碳、氮循环, 对土壤结构具有明显的改善作用
10	湿地固碳增汇的水分管理方法	CN102577688-A	2012-03-13	1	中国	黑龙江省科学院自然与生态研究所	农业或林业的整地; 一般农业机械或农具的部件、零件或附件	通过水分管理增加CO_2固定	明显提高湿地植被覆盖率, 增加植被固碳能力, 减少温室气体排放
11	有机碳矿化培养装置和利用该装置无土测定土壤有机碳矿化速率的方法	CN102778551-A	2012-7-26	1	中国	中国科学院东北地理与农业生态研究所	借助于测定材料的化学或物理性质来测试或分析材料	用于测量土壤有机碳的矿化速率	解决了碱液吸收法、气象色谱法和红外气体分析仪法的培养实验误差大、难以连续采样的问题, 并能同时测定CO_2和CH_4
12	应用生物炭与有机肥配原位修复重金属镉污染的方法	CN102553905-A	2012-02-22	1	中国	农业部环境保护科研监测所	污染的土壤的再生	用于修复因镉污染的菜土壤	可以减少农田生态系统温室气体排放, 增加土壤有机碳含量以及改善土壤结构等

续　表

序号	专利名称	专利号	申请日期	申请国家/地区数量	来源国	专利权人	技术领域	用途	优势
13	湿地固碳增汇的营养调控方法	CN102598910-A	2012-03-13	1	中国	黑龙江省科学院自然与生态研究所	农业或林业的整地；一般农业机械或农具的部件、零件或附件	用于营养调节和增加湿地土壤碳汇	能提高湿地植被覆盖率、植被固碳能力，增加土壤碳储量，减少温室气体排放，投入少，成本低，适用性广
14	一种农村生活垃圾炭化的方法及其制备的产品与应用	CN102583313-A	2012-02-14	1	中国	浙江大学	种植；播种；施肥	用于碳化农村生活垃圾，碳化产品可用来改良土壤，提高作物产量	集农村生活垃圾处理、资源化应用以及固碳于一体，经济、有效、环保，操作简单，易于推广
15	一种田表层土壤净碳储量估算方法	CN102590007-A	2012-02-24	1	中国	中国科学院亚热带农业生态研究所	借助于测定材料的化学或物理性质来测试或分析材料	用于表层土壤净碳储存量的估算	方法易行，操作简便，通过质量守恒原理对质量变化的表层土壤碳储量进行校正，达到提高表层土壤净碳储量估算精度
16	一种增加干旱荒漠区土壤固碳能力的快速方法	CN102550162-A	2012-02-24	1	中国	中国科学院新疆生态与地理研究所	农业或林业的整地；一般农业机械或农具的部件、零件或附件	用于提高干旱荒漠地区土壤碳储存的能力	可以改善干旱荒凉地区地下土壤有机碳的状况，同时也能提高生态系统的碳储量
17	一种生物基缓释氮肥的生产方法	CN102424642-A	2011-09-25	1	中国	西北农林科技大学	由一种或多种肥料与无特殊肥效的物质，如农药、土壤调理剂、润湿剂组成的混合物	用于生产生物炭缓释氮肥	该肥料制备工艺简便易行，成本低，其生物炭载体材料在土壤中分稳定，是良好的土壤改良剂和固碳剂，起到固碳、碳减排作用

105

续表

序号	专利名称	专利号	申请日期	申请国家/地区数量	来源国	专利权人	技术领域	用途	优势
18	单位土地面积量化土壤碳含量的方法	WO2011150472-A1	2011-06-06	4	澳大利亚	悉尼大学	借助于测定材料的化学或物理性质来测试或成分分析材料	用于量化土壤有机碳	样品来自不同地点，减少了系统选择的可能性，具有长期的经济效益
19	土壤微生物固碳酶提取的方法	CN102174496-A	2011-02-11	1	中国	中国科学院亚热带农业生态研究所	微生物或酶；其组合物	用于提取土壤微生物固碳酶	提取土壤微生物固定酶的方法简单、快速、重复性好，可用于大规模的提取土壤微生物固碳酶
20	一种生物炭的制备方法	US2011252699-A1	2011-02-14	1	美国	Shepard B	含碳物料的干馏生产煤气、焦炭、焦油或类似物	通过制备生物炭来改良土壤，从而进行固碳	生产系统简单、规模小，能将废弃物通过燃烧变成有价值的副产品
21	形成非胶凝组合物（如纸制品）来沉淀 CO_2 的方法	US2011240916-A1	2009-10-30	1	美国	Constantz B, Youngs A	不包含在其他类目中的各种应用材料；包含在其他类目中的各种材料的各种应用	通过非凝胶成分来固定 CO_2	CO_2 封存成分的生产可能阻止 CO_2 气体进入大气层
22	一种生态林土壤有机碳储量估算方法	CN101984353-A	2010-10-26	1	中国	南京信息工程大学	借助于测定材料的化学或物理性质来测试或成分分析材料	用于估算生态林土壤有机碳的碳储量	能反映以碳为核心的生态效应的特征及规律，指导 CO_2 排放减排及生态经济发展的客观实践
23	一种土壤根际的碳封存方法	US2011027017-A1	2009-07-31	1	美国	地球复兴科技责任有限公司	污染的土壤的再生	用于土壤根际固碳	减少总碱度目提供足够的酸分解土壤碳酸盐、碳酸氢钠，利于农业和微生物活动从而进行土壤固碳

续　表

序号	专利名称	专利号	申请日期	申请国家/地区数量	来源国	专利权人	技术领域	用途	优势
24	一种提高果园固存的豆科牧草的套种方法	CN101869037-A	2010-06-30	1	中国	福建省农业科学院农业生态研究所	园艺；蔬菜、花卉、稻、果树、葡萄、啤酒花或海菜的栽培；林业；浇水	用于提高农业生态系统豆科牧草间作的 CO_2 固定	通过牧草的生长和光合作用，从而提高果园生态系统 CO_2 的吸收和固持，实现农业生态系统的固碳减排效果
25	一种用于区域生态肥碳低排系统	CN101787293-A	2010-03-10	1	中国	杭州鑫成低碳技术研发有限公司	有机肥料，如用废物或垃圾制成的肥料	区域生态低排放系统的生物炭、CO_2、H_2 等用来作为土壤改性剂和发电及供热	通过减少能源消耗，且提供生物碳和可燃气体，同时能改良土壤，这到真正的区域生态平衡
26	一种增加土壤有机碳含量的方法	US20102758826-A1	2008-07-29	1	美国	Young C, Lin C	种植；播种；施肥	通过将含有环酚类物质的工业废水添加到带有绿肥作物土壤增加有机质含量	能稳定土壤有机碳，提供农业生态高固碳效益以及提高耕地产量
27	一种利于改善土壤结构的培养基或土壤养质的配制方法	JP2010213688-A	2009-06-20	1	日本	住友林业有限公司	园艺；蔬菜、花卉、稻、果树、葡萄、啤酒花或海菜的栽培；林业；浇水	培养基或种植材料对改善土壤，种植植物和种植草坪有利	培养基对土壤具有良好的保水性能和提高肥效功能。预处理的活性石作可作为化石能源；同时也可增加土壤的固碳能力
28	光合微生物生物肥在土壤固碳方面的新用途及其制备方法	CN101607838-A	2008-06-20	1	中国	Cong F	有机肥料，如用废物或垃圾制成的肥料	光合微生物肥料用于植物和土壤固体微生物的固碳作用	使土壤中生物总量增加，有机质含量增加，从而促进土壤中物质的循环和能量流动。改善地球生态环境，根本上解决 CO_2 所形成的温室效应

续 表

序号	专利名称	专利号	申请日期	申请国家/地区数量	来源国	专利权人	技术领域	用途	优势
29	生物质自热式干燥设备	US20092503331-A1	2009-10-08	13	美国	北卡州立大学	含碳物料的干馏生产煤气、焦炭、焦油或类似物	设备获得的焙生物质是非常有用的,可作为煤燃料替代品或生物质燃料添加剂	生物炭既可作为土壤中永久的固碳材料,也可作为土壤改良剂来增加植物生长的速率,并能长久的固碳
30	草地和豆科植物混合碳的监测方法	US2009139139-A1	2007-12-04	1	美国	Tilman G D,Fornara D,Hill J 等	园艺;蔬菜、花卉、稻、果树、葡萄、啤酒花或海菜的栽培;林业;浇水	监测土壤碳水平和根生物量的碳水平	可以抵消或减少土壤碳的使用和排放
31	对阔叶树生长加速的缓释肥料	KR891198-B1	2007-11-15	1	韩国	韩国林业管理局	氮肥	用于阔叶树的缓释肥料	既经济,又能增加树木的增长速度和树木与土壤的固碳数量,同时也能达到改善水质的效果
32	一种缓释肥料的制作方法	KR2008061617-A	2006-12-28	1	韩国	韩国林业管理局	肥料的混合物,例如农药、土壤调理剂、润湿剂所组成的混合物	作为针叶树的有用的缓释肥料	能快速促进树木增长,提高木材产量;能增加木材碳吸收和土壤碳储存的能力;能持续释放肥源且具有很好的水溶性

续　表

序号	专利名称	专利号	申请日期	申请国家/地区数量	来源国	专利权人	技术领域	用途	优势
33	减少土壤中氧化铁的指示剂	US20080038826-A1	2006-03-22	1	美国	马里兰大学	纤维状填料以外的无机材料的处理以增强它们的着色或填充性能	用于氧气土壤、湿地土壤和河口系统的评估及分析原状态的评估及分析土壤有机碳含量	用于氧气土壤、湿地土壤和河口系统土壤还原状态的评估
34	应用于动物的生物防治产品的制作方法	AU200720190-A1	2006-03-20	1	澳大利亚	Hayes B	人体、动植物体或其局部的保存	生物防治产品，对羊、动物寄生虫和肠道蠕虫有用	该方法应用微生物控制可代替有毒的化学物质，无组分浪费，并且还有利于土壤有机碳积累和土壤质地改良

109

5.6 小 结

基于 DII 专利数据库，本章对全球土壤固碳技术的相关专利的研发和竞争态势进行了讨论和分析，得出以下结论。

（1）土壤固碳技术专利研究起步较晚，至 2014 年专利数量仅 34 件。这表明国内外对该领域的专利申请关注度还不够，但随着碳排放的逐年增加，国际社会对这方面的关注程度也将会越来越大。

（2）我国已成为土壤固碳研究专利申请数量最多的国家之一，美国次之，但被引频次排名前 10 位的专利中，前 5 位专利均属于美国，且美国专利被引频次远远大于中国。虽然我国在土壤固碳技术专利数量申请方面处于竞争优势，但在专利的影响力方面仍有待提高。

（3）对于土壤固碳重要专利的保护区域，各国的保护意识还不强。

（4）土壤固碳技术的研究重点领域主要分布在 G01N、A01G、C05F 和 C05G 等技术领域中。通过结合相关专利的解读，可知 G01N 的技术要点是通过测量、估／计算等方法来确定土壤有机碳或草原碳汇的含量；A01G 的重点技术要点是通过合理的种植方法，提高土壤根际微生物活性，从而增加土壤固碳的能力；C05F 的技术要点是通过合理增施有机肥料，从而使土壤有机质含量增加以提高土壤固碳能力；C05G 的技术要点是通过将化肥进行适当的混合，使肥效达到最优化，施于土壤从而增加木材碳吸收和土壤碳储存的能力。

（5）国际上关于土壤固碳技术专利的研究来自高校、研究所、公司和个人，而我国的研究主体主要为研究所和高校（高达 12 个），公司仅有 1 个。这表明：我国研究所和高校是土壤固碳专利的主要产出机构，该技术还处于基础研发阶段，要进入商业化应用阶段尚需时日。因此，建议我国相关部委加大对土壤固碳技术应用领域研发的支持力度，设立更多的应用导向型项目，通过产学研合作，促进我国土壤固碳技术基础研究与产业化开发的有机衔接，以确保我国在该领域的国际竞争力日益增强。

参考文献

[1] 张君, 宫渊波, 王巧红. 土壤现状及其对全球气候变化的影响 [J]. 四川林业科技, 2005, 26(5): 56-61.

[2] Lar R. Soil carbon sequestration to mitigate climate change [J]. Genderma, 2004, 123: 1-22.

[3] Lal R. Agriculture activities and the global carbon cycle [J]. Nutrient Cycling in Agtoecosystems, 2004, 70(2): 103-116.

[4] 逯非, 王效科, 韩非, 等. 农田土壤固碳措施的温室气体泄漏和净减排潜力 [J]. 生态学报, 2009, 29(9): 4993-5006.

[5] Smith P, Martino D, Cai Z C, et al. Greenhouse gas mitigation in agriculture [J]. Philosophical Transactions of the Royal Society of London Series Biological Science, 2008, 363: 789-813.

[6] Six J, Elliott E T, Paustian K. Soil macroaggregate turnover and microaggregate formation: a mechanism for C sequestration under no-tillage agriculture [J]. Soil Biology and Biochemistry, 2000, 32(14): 2099-2103.

第6章 森林固碳技术专利分析

森林可通过光合作用吸收 CO_2，并将 CO_2 与水等无机物转化为碳氢化合物，以有机碳的形式封存于森林植物体内。森林生态系统有机碳库包括植被、土壤和凋落物层这三个部分。

研究表明，当植物的叶面积指数超过 4 时，其净初级生产力（net primary production，NPP）才有可能达到峰值，而森林几乎整个生长季节的叶面积指数都在 5 以上，具有显著的光合作用优势，是有效的碳汇。在全球陆生植被生物量中森林约占 90%，森林体系占 4.1×10^9 公顷的陆地面积，在陆地生态系统和大气碳循环和交换过程中具有重要地位[1]。森林储存了陆地生态系统地上部分有机碳的 80%，地下部分的 40%[2]。在北半球，森林每年的碳吸收率估计高达 0.7Pg[3]，约占全球化石燃料碳排放量的 10%（2007 年数据）[4]。森林每年的碳储量在不同的纬度地区变化很大，影响因素包括生长期长度、降水、温度和阳光辐射。一年内森林碳储量在不同时期也变化很大，其最大值和平均值经常会超过 100%[5]。生态系统净生产力（net ecosystem productivity，NEP）或生态系统净碳交换（net ecosystem exchange，NEE）也常被作为量化指标来测定森林碳汇的功能。

目前用于估算森林固碳量的方法有生物量法（Biomass Method）、蓄积量法（Stem Volume Method）、涡旋相关法（Eddy Correlation or

Eddy Covariance Method）、弛豫涡旋积累法（Relaxed Eddy Accumulation method）、箱式法（Enclosures/Chamber Method）及森林土壤碳测定法。这些方法各有优缺点，需要根据实际情况选择性或多种方法综合应用。维护良好的森林能增强其碳库的碳吸收效率和吸收能力，合理伐木以及合理利用森林可以更好地发挥森林的碳汇作用。

　　本章采用 DII 专利数据库源数据构建全球申请森林固碳相关专利的分析数据集。数据采集时间为 2015 年 3 月 22 日，检索式如表 6.1 所示，共得到 124 件专利。然后利用 TDA 分析工具进行专利数据挖掘和分析。

表 6.1　森林固碳专利检索式

类别	逻辑关系	检索式
森林树林类关键词	AND	TS=(forest* OR timber* OR wood* OR tree*)
固碳、碳封存、碳汇、碳库、碳吸收类关键词	AND	TS=(carbon OR "CO2") SAME (absorption OR separation OR fixat* OR assimilat* OR sink* OR stock* OR sequestrat* OR pool*)
排除不相关主题词	NOT	TS=(batter* OR algae* OR tramete* OR furnace* OR biomass* OR plastic* OR fuel* OR floor* OR "activ* carbon" OR "carbon black" OR household* OR home* OR build* OR fire OR drill* OR wetland* OR food* OR drain* OR alloy* OR copper OR aluminum OR "wood plate*" OR woodii OR reactor OR lamp* OR coal* OR DNA)

6.1　森林固碳专利发展状况分析

6.1.1　专利申请量年度变化趋势

　　森林固碳技术专利申请数量的年度（基于优先权年）发展趋势如图 6.1 所示。森林固碳专利技术的发展大致可以分为三个阶段：① 1982 年以前，相关专利很少，每年最多有 1 个专利；② 1983—2002 年，相关专利数量较第一阶段有了明显增长，但是存在波动；③ 2003—2014 年，相关专利数量增长迅速，进入了快速发展时期，但这一阶段还不稳定。

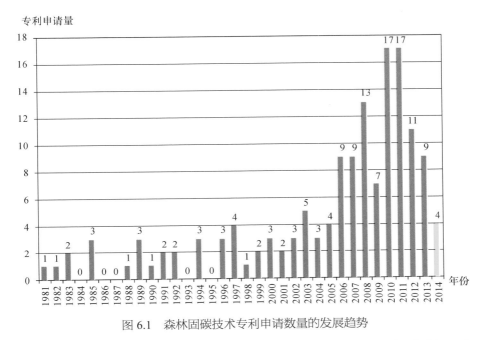

图 6.1　森林固碳技术专利申请数量的发展趋势

注：由于专利从申请到公开再到数据库收录，会有一定时间的延迟，图中 2013—2014 年，特别是 2014 年的数据会大幅小于实际数据，仅供参考。数据时间截至 2015 年 3 月 22 日。

6.1.2　专利发明人与技术条目年度变化趋势

　　森林固碳技术专利发明人与技术条目的发展趋势如图 6.2 所示。由图 6.2（a）可知，从 2002 年开始，每年有大量的新发明人进入森林固碳的相关技术领域；从 2009 年开始，新发明人与原有发明人所占比例一直保持稳定。图 6.2（b）表明该领域每年均有新技术条目的增加，虽增幅有波动，但整体呈上升趋势；2012 年之后，新技术条目所占比例呈逐渐下降趋势。由此可见，森林固碳的相关技术具有一定的市场需求，相关研发投入仍处于增长阶段，现有技术已经日趋成熟，应用范围正在不断扩大。

发明人数量

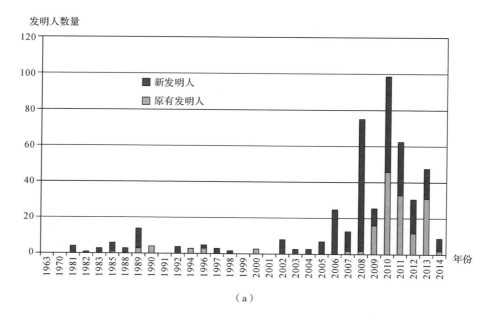

（a）

技术条目数量

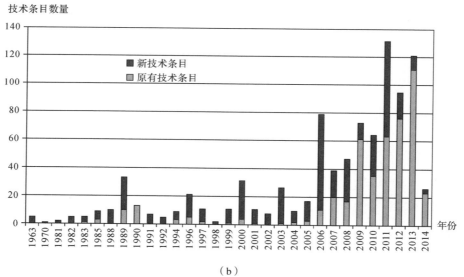

（b）

图 6.2　森林固碳专利发明人和技术条目的发展趋势

6.2 森林固碳专利主要国家 / 地区情况分析

6.2.1 优先权国家 / 地区分析

专利优先权的分析能反映申请国家/地区对该专利的开发和所有关系，森林固碳优先权专利申请国家 / 地区排名情况如图 6.3 所示。可以看出，优先权专利申请数量最多的前 11 个国家 / 地区依次是日本、中国、美国、欧洲专利局、韩国、加拿大、俄罗斯、德国、英国、澳大利亚和法国。其中日本和中国申请的森林固碳专利数量接近全球的 60%，领先于其他国家 / 地区；美国申请的森林固碳优先权专利数量排名第三，占全球的 17%；欧洲专利局、韩国、加拿大和俄罗斯的专利受理数量为 5~11 件，占全球的 27%；其余国家 / 地区的专利受理数量都在 3 件以下。

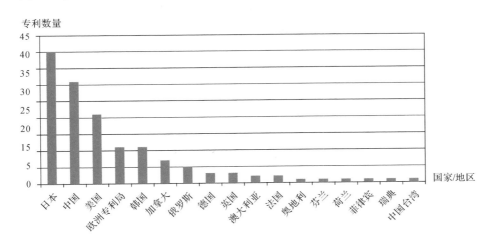

图 6.3　森林固碳优先权专利申请量前 17 位国家 / 地区的排名

森林固碳优先权专利申请量前 10 位国家 / 地区的年度分布情况如图 6.4 所示。专利申请量排名第一的日本和排名第三的美国，其森林固碳专利申请起步较早；2010 年之前，日本一直是全球森林固碳专利申请量方面的主导力量。排名第二的中国，虽然起步较晚，但是其专利申请量上升势头强劲，2009—2014 年的年均申请量已经超过日本，专利申请总数量已经超越美国。欧洲专利局在森林固碳方面于 1996—2005 年有一段空白期，后从 2006 年开始重新启动相关专利的申请。韩国和加拿大在 2006 年后才开始申请相关专利，森林固碳研发工作开展较晚，但发展迅速。

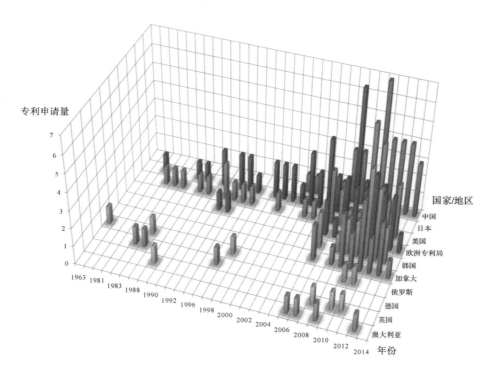

图 6.4　森林固碳优先权专利申请量前 10 位国家／地区的年度分布

　　通过分析森林固碳优先权专利申请量前 10 位国家／地区专利申请活动覆盖的时间范围以及 2012—2014 年专利申请量占其专利总数的比例（见表 6.2），可以揭示出这些国家／地区在森林固碳相关技术领域的活跃程度。结合图 6.4 和表 6.2 可以看出，森林固碳优先权专利申请量最多的 10 个国

家 / 地区中，2012—2014 年（基于优先权年）最为活跃的国家 / 地区是中国（申请量占总量的 35%）和韩国（申请量占总量的 27%）。中国 2012—2014 年优先权专利申请量占总量的比例最高，增长势头较稳定。日本虽然申请量最多，但是 2012—2014 年没有相关专利申请。美国和欧洲专利局的研发进度也有放缓的趋势。

表 6.2　森林固碳优先权专利申请量前 10 位国家 / 地区的活跃程度

国家 / 地区	专利总量	时间跨度	申请量	申请量占总量比例
日本	40	1982—2011 年	0	0
中国	31	2002—2014 年	11	35%
美国	21	1983—2012 年	1	5%
欧洲专利局	11	1992—2012 年	1	9%
韩国	11	2006—2012 年	3	27%
加拿大	7	2006—2011 年	0	0
俄罗斯	5	1963—2011 年	0	0
德国	3	1985—1997 年	0	0
英国	3	1990—2011 年	0	0
澳大利亚	2	2006—2007 年	0	0

注：考虑到专利从申请到公开到数据库收录，会有一定时间的延迟，这里主要考虑的时间范围为 2012—2014 年。

6.2.2　主要申请国家 / 地区分析

森林固碳专利受理量前 10 位国家 / 地区的排名情况如图 6.5 所示。对比图 6.4 和图 6.5 可见，墨西哥虽然森林固碳专利申请量很少，但是受理量却相对较多，这说明墨西哥对相关技术的市场需求很大但是自主研发能力较弱；而俄罗斯专利申请量与受理量差距较大，说明本土市场需求并不大，这将会进一步限制其在森林固碳方面的技术发展。其余国家 / 地区申请量与受理量基本相当，森林固碳技术研发与市场需求基本同步。

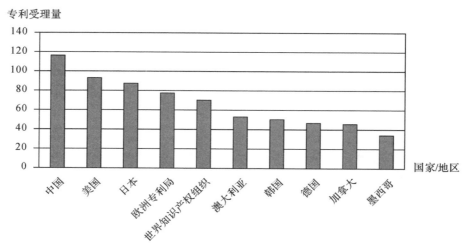

专利受理量

图 6.5　森林固碳专利受理量前 10 位国家 / 地区的排名

　　森林固碳专利受理量前 10 位国家 / 地区的年度分布情况如图 6.6 所示。第一集团包括中国、美国和日本。其中，日本和美国起步较早，而且其年度受理量变化情况与整体变化情况基本一致；中国大约自 2009 年开始专利受理量猛增，成为主导力量，领先于日本和美国。第二集团中，世界知识产权组织、欧洲专利局、韩国和澳大利亚在 2009 年之后专利受理数量上升迅速。第三集团中，各国家 / 地区的专利受理总数量都在 50 件以下。其中，加拿大和墨西哥在 2008 年后才开始增长；德国虽然起步较早，但 2005 年后迅速下滑，与其他国家 / 地区差距不断加大。

　　通过分析森林固碳专利受理量前 10 位国家 / 地区专利受理活动覆盖的时间范围以及 2012—2014 年专利受理量占其专利总数的比例（见表 6.3），可以揭示出这些国家 / 地区在森林固碳相关技术领域的应用活跃程度。2012—2014 年最为活跃的国家 / 地区包括韩国（受理量占总量的 48%）、墨西哥（受理量占总量的 44%）、世界知识产权组织（受理量占总量的 37%）、加拿大（受理量占总量的 36%）、中国（受理量占总量的 33%）以及澳大利亚（受理量占总量的 30%）。

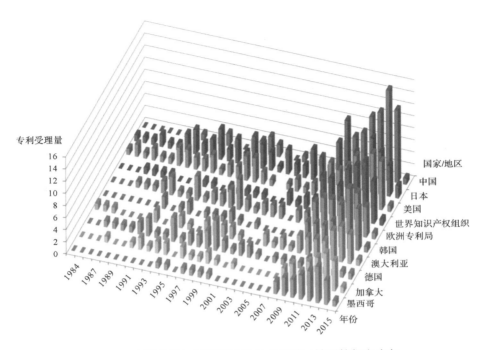

图 6.6　森林固碳专利受理量前 10 位国家 / 地区的年度分布

表 6.3　森林固碳专利受理量前 10 位国家 / 地区的活跃程度

国家 / 地区	专利总量	时间跨度	受理量	受理量占总量比例
中国	116	2002—2015 年	38	33%
美国	93	1983—2015 年	23	25%
日本	87	1983—2015 年	21	24%
欧洲专利局	77	1987—2015 年	17	22%
世界知识产权组织	70	1987—2015 年	26	37%
澳大利亚	53	1983—2015 年	16	30%
韩国	50	1991—2015 年	24	48%
德国	47	1985—2015 年	3	6%
加拿大	45	1987—2015 年	16	36%
墨西哥	34	1994—2015 年	15	44%

　　注：考虑到专利从申请到公开到数据库收录，会有一定时间的延迟，这里主要考虑的时间范围为 2012—2014 年。

6.3 森林固碳专利技术分布状况分析

6.3.1 技术领域分布

根据国际公认的 IPC 分类法，对森林固碳专利申请量前 26 位（专利数量在 3 及以上的技术领域）应用领域的专利数量、时间跨度及热点开展分析，结果如表 6.4 所示。目前森林固碳专利主要涉及林业、栽培；杀生剂，害虫趋避剂或引诱剂，植物生长调节剂；肥料混合物；CO_2 测定方法；森林固碳监督或预测数据处理系统或方法等技术领域。森林固碳的相关技术点比较分散（一共 400 多个技术领域，但每个技术领域专利数量均在 7 件以下，大多技术领域只有 1 件专利），且每个技术点专利数量差距不大，集中度不明显。森林固碳专利 2012—2014 年新增技术条目情况如表 6.5 所示。

6.3.2 国家 / 地区分布

森林固碳优先权专利在主要技术领域申请量前 6 位，国家 / 地区（基于优先权国）的技术分布情况（基于 IPC 大类）如图 6.7 所示。可以看出，专利技术的占有量和研发能力领先的国家 / 地区依次是日本、美国、欧洲专利局、韩国、加拿大、中国。森林固碳专利在主要技术领域受理量（基于同族专利国）前 6 位国家 / 地区的技术分布情况（基于 IPC 大类）如图 6.8 所示。可以看出，专利技术的保护力度以及在该国家 / 地区的应用情况和市场需求度较大的国家 / 地区依次是日本、世界知识产权组织、美国、中国、欧洲专利局、澳大利亚。

日本的技术布局在专利申请量和受理量上走势比例基本一致，且均处于领先水平，这意味着其研发水平和应用程度都比较高。相对其他国家 / 地区，日本比较有优势的技术领域包括林业、栽培（A01G），CO_2 测定

（G01N），以及监督预测方法（G06Q）。

表 6.4　森林固碳专利申请量前 26 位应用领域的专利数量、时间跨度及热点分析

覆盖领域	IPC 分类小组	技术领域	申请量	时间跨度	2012—2014 年申请量	2012—2014 年申请量占总量比例
林业、栽培	A01G-001/00	园艺栽培	3	2000—2010 年	0	0
	A01G-007/00	植物学	3	1991—2005 年	0	0
	A01G-007/02	用 CO_2 处理植物	4	1983—2005 年	0	0
	A01G-007/04	用电或磁处理植物促进其生长	3	2003—2008 年	0	0
	A01G-009/10	装幼苗的土壤营养钵	3	2008—2012 年	0	0
	A01G-023/00	植物的支架	3	2002—2008 年	0	0
	A01G-031/00	水培、无土栽培	3	2008—2014 年	1	33%
杀生剂，害虫趋避剂或引诱剂，植物生长调节剂	A01N-043/78	含杂环化合物	7	2006—2012 年	4	57%
	A01N-043/40	含六元环	5	2006—2011 年	0	0
	A01N-043/56	含 1,2 二唑；氢化 1,2 二唑	4	2006—2012 年	1	25%
	A01N-043/90	具有两个或更多的相关杂环，自相稠合或具有共同的碳环环系	4	2000—2011 年	0	0
	A01N-047/02	碳原子没有连于氮原子的键	4	2006—2011 年	0	0
	A01N-037/44	含至少 1 个羧基或硫代类似物或其衍生物	3	1992—2006 年	0	0
	A01N-043/50	含 1,3 二唑；氢化 1,3 二唑	3	2006—2011 年	0	0
	A01N-047/06	含—OCOO—基团；其硫代类似物	3	2006—2011 年	0	0
	A01N-047/22	含 O—芳基或 S—芳基酯	3	2008—2011 年	0	0
	A01N-047/40	具有 1 个双键或三键与氮相连的碳原子	3	2006—2011 年	0	0
	A01N-051/00	含有机化合物	3	2006—2011 年	0	0
	A01N-053/00	含有环丙烷羧酸或其衍生物	3	2006—2011 年	0	0
	A01N-057/12	含有无环或环脂基	3	1992—2006 年	0	0
	A01P-003/00	化学化合物杀菌剂	6	2006—2012 年	1	17%
	A01P-007/04	化学化合物杀昆虫剂	4	2006—2011 年	0	0
肥料混合物	C05G-003/00	一种或多种肥料与无特殊肥效组分的混合物	5	1992—2008 年	0	0
CO_2 测定方法	G01N-033/00	利用特殊方法来研究和分析	3	2003—2010 年	0	0
森林固碳监督或预测数据处理系统或方法	G06Q-050/00	专门适用于特定部门的系统或方法	5	2002—2010 年	2	40%
	G06Q-030/00	远程计算分析方法	3	2004—2007 年	0	0

表 6.5   森林固碳技术专利新增技术条目

IPC 分类号	技术领域	最早出现年份	专利数量
A01H-001/02	配有 CO_2 吸收设备的自动洒药装置	2014	1
A01C-001/04	人工或机械播种育种技术，培植人造林	2012	1
E02B-003/12	用于稳固地表、防止滑坡的生态友好的设备，促进植被生长	2012	1
G06Q-030/02	碳排放量计算系统	2012	1

注：时间范围为 2012—2014 年。

美国在各个领域的专利申请量和受理量趋势基本一致，相对于其他国家 / 地区，比较有优势的技术领域包括杀生剂等（A01N）、监督预测方法（G06Q）、化合物试剂等（A01P）。

欧洲在主要领域的专利申请量仅次于日本和美国，主要技术领域包括杀生剂等（A01N）和化合物试剂等（A01P）；在监督预测方法（G06Q）和 CO_2 测定（G01N）方面没有相关专利申请，需要引进技术。

中国在主要技术领域的申请量明显低于受理量，说明当前的研发程度还不能满足应用需求，很多技术还需要从国外引进。中国在杀生剂等（A01N）、监督预测方法（G06Q）、化合物试剂等（A01P）、CO_2 分离（B01D）、种植播种施肥（A01C）等领域还存在空白，目前具有优势的技术点包括林业、栽培（A01G），肥料（C05G），以及新植物培养（A01H）。

加拿大和韩国的专利申请量远高于专利受理量，这说明两国在主要技术领域的研发水平较高，但国内应用市场需求并不旺盛，以技术出口为主。澳大利亚主要技术领域的专利受理量远高于申请量，这意味着其自主研发能力较弱，不能满足国内市场应用的需求，大多数技术需要从国外引进。

6.3.3   年度分布

森林固碳专利在主要技术领域（基于 IPC 大类）申请量的年度分布（基于优先权年）如图 6.9 所示，森林固碳专利在主要技术领域受理量的年度分布（基于同族专利年）如图 6.10 所示。这两个图反映出森林固碳主要技术领域的保护力度以及应用方面的年度变化趋势。

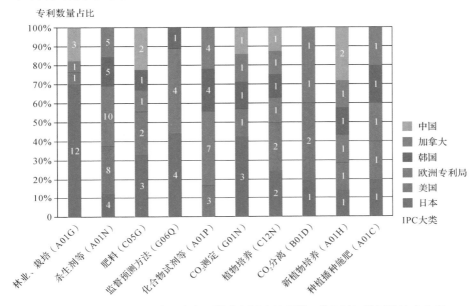

图 6.7　森林固碳优先权专利在主要技术领域申请量前 6 位国家 / 地区的技术分布

注：图中数字表示专利数量。下同。

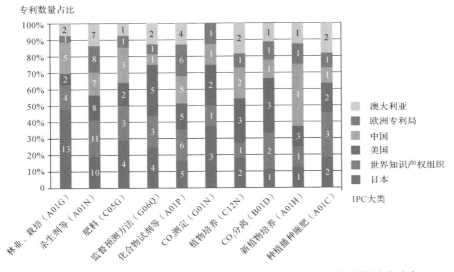

图 6.8　森林固碳专利在主要技术领域受理量前 6 位国家 / 地区的技术分布

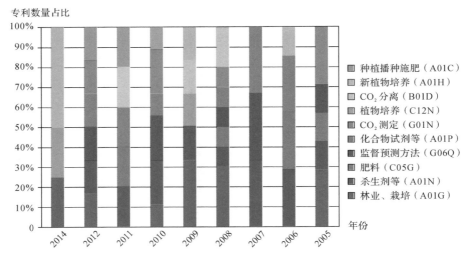

图 6.9　森林固碳专利在主要技术领域申请量的年度分布

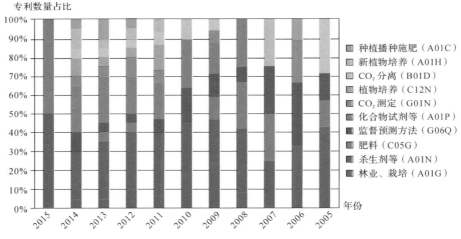

图 6.10　森林固碳专利在主要技术领域受理量的年度分布

注：由于专利受理滞后，2015 年度为不完全统计结果。

6.3.4　被引频次分析

被引频次在 5 次以上的森林固碳专利分析如表 6.6 所示。可以看出，美国两件专利的被引频次领先于其他专利，并在多个国家/地区都有布局。

表 6.6　被引频次在 5 次以上的森林固碳专利

序号	专利名称	专利号	申请日期	被引频次	优先权国家/地区	专利权人	技术内容
1	Enhancing carbon fixation in plants by admin. of lower alcohol(s) - provides increased growth and yield, stem turgidity, and ability to stand environment stress	WO9400009-A; EP645962-A; WO9400009-A1; ZA9304341-A; AU9345361-A; EP645962-A1; JP7508978-W; EP645962-A4; US5597400-A; AU676178-B; CN1111932-A; IL106063-A; BR9306568-A; EP645962-B1; DE69327532-E; RU2125796-C1; ES2141767-T3; MX193381-B; CN1043832-C	1992-06-19	40	美国	Benson A A（个人）；Nonomura A M（个人）	通过制备含有低碳醇类的生长促进剂，促进光合作用，从而刺激植物生长、产量、糖含量以及茎膨胀，在大多数情况下加快植物成熟，增加细胞内 CO_2，以抑制光呼吸；提高植物的固碳能力
2	Standardized carbon emission reduction credits generating method for carbon compounds sequestration, involves conducting uncertainty analysis on carbon level change in soil, and identifying standardized and reserve carbon credits	US2004158478-A1; WO2004072801-A2; AU2004211783-A1; EP1631871-A2; ZA200507299-A; IN2005040068-P1; NZ542322-A; US7457758-B2; IN200808945-P1; AU2004211783-B2; WO2004072801-A3; IN225711-B	2003-02-10	20	美国	南达科他州矿业与技术学院	通过建立固碳模型，输入某地区的数据计算出一段特定时间内的土壤、植被等环境中的碳或温室气体含量
3	Pesticidal composition useful for e.g. controlling the phytopathogenic fungi or damaging insects of plants, crops or seeds comprises propamocarb-hydrochloride; and an insecticide compound in a specific weight ratio	WO2008077926-A2; WO2008077926-A3; IN200902748-P1; AU2007338050-A1; CN101541175-A; KR2009101899-A; EP2111109-A2; CA2673365-A1; MX2009006603-A1; US2010063143-A1; JP2010513418-W; EP2335481-A2; EP2338341-A2; EP2338341-A3; EP2335481-A3; US8216971-B2; US2012282345-A1; EP2338341-B1; EP2335481-B1; ES2427242-T3; MX314657-B; CN101541175-B; BR200717719-A2; AU2007338050-B2; JP5563827-B2; JP2014193922-A; ZA200903314-A; CA2875272-A1; IL198637-A; AU2013203660-A1	2006-12-22	8	欧洲专利局	拜耳作物科学公司	研发出新的含农药成分的杀生剂以控制植物病原真菌或昆虫，效率高，用量少、毒性小，持久性高，从而减小对环境的影响

续表

序号	专利名称	专利号	申请日期	被引频次	优先权国家/地区	专利权人	技术内容
4	Use of diaminopyrimidine compounds e.g. as plant protection agents to combat animal pests and/or plant-pathogenic fungus, unwanted microorganisms, preferably insects, arachnids, helminths, nematodes and bacteria and weeds	WO2009115267-A2; WO2009115267-A3; MX2010009846-A1; KR2010134048-A; EP2268144-A2; TW201000011-A; US2011105472-A1; VN25542-A; JP2011519822-W; CN102123591-A; IN201007365-P1	2008-03-20	7	欧专局	拜耳作物科学公司	使用嘧啶化合物（I）作为植物保护剂，防治虫害和植物病原真菌，促进植物生长，增加碳同化效率，增强光合作用，提高产量
5	Tree-planting project system selects most profitable combination of tree-type and tree planting area in plantation having carbon dioxide absorption quantity less than threshold, using different combinations of tree-type and area	WO2004046986-A1; AU2003280858-A1; US2005087110-A1; JP2004553198-X; US7062450-B2	2002-11-18	7	日本	住友林业有限公司	设计研发出植树工程系统对不同人工林终端通过互联网交流，根据 CO_2 吸收质量综合选择组合树型和区域

6.4　森林固碳专利权人分析

　　森林固碳专利权人的专利申请数量不多。森林固碳专利申请量排名第一的专利权人拜耳作物科学公司的专利数量为 8 件，其他公司都在 3 件以下，这表明该领域的专利申请尚未引起组织机构的特别关注或重视。森林固碳专利申请量前 6 位的专利权人、申请专利时间、技术分布和保护国家 / 地区分布如图 6.11—6.14 所示。

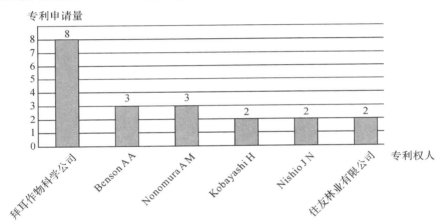

图 6.11　森林固碳专利申请量前 6 位的专利权人

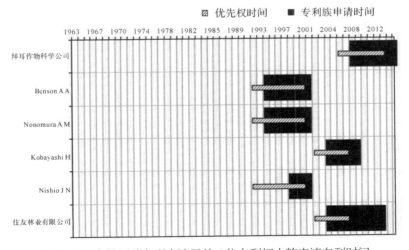

图 6.12　森林固碳专利申请量前 6 位专利权人的申请专利时间

129

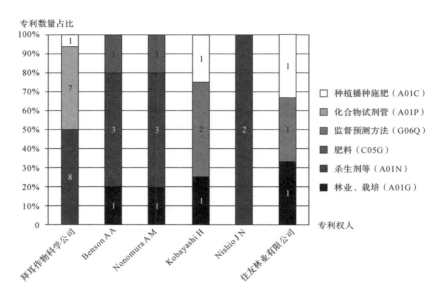

图 6.13　森林固碳申请量前 6 位专利权人的技术分布

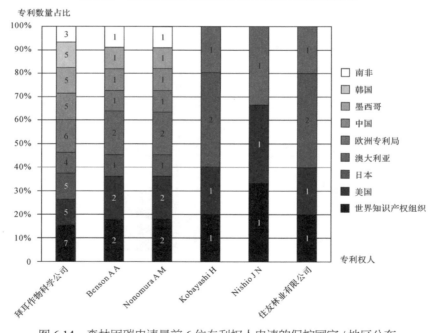

图 6.14　森林固碳申请量前 6 位专利权人申请的保护国家 / 地区分布

6.5　小　结

本章通过对全球森林固碳技术相关专利的研发与竞争态势进行讨论和分析，得出以下结论。

（1）森林固碳专利早在 20 世纪 80 年代已开展申请，2003 年后专利数量和技术条目呈现出一定增长，新发明人持续涌入。虽然处在增长阶段，但至 2014 年专利数量仅为 124 件，国内外对该领域的专利申请关注度还不够。2003—2014 年，森林固碳技术相关专利数量增长迅速，有大量的新发明人持续涌入该领域，应用范围不断扩大。

（2）从优先权来看，日本、中国是森林固碳专利的主要申请国家，数量接近全球的 60%，领先于其他国家 / 地区。从受理量来看，中国、美国和日本是主要专利市场。其中，日本、美国起步较早，年度受理量变化情况与整体变化情况基本一致；中国自 2009 年以来，专利受理量领先于日本和美国。

（3）森林固碳专利技术涉及面广，但技术集中度较低。主要涉及的技术包括林业、栽培；杀生剂，害虫趋避剂或引诱剂，植物生长调节剂；肥料混合物；CO_2 测定方法；森林固碳监督或预测数据处理系统或方法等技术领域。

（4）2012—2014 年全球森林固碳热点专利技术主要在水培、无土栽培；含杂环化合物、含 1,2 二唑；氢化 1,2 二唑；化学化合物杀菌剂；专门适用于特定部门的森林固碳监督或预测数据处理系统或方法等。

（5）日本和美国较早开始森林固碳专利技术研究，在多个领域具有优势。日本各项专利技术均处于领先水平，优势技术领域包括林业、栽培，CO_2 测定，监督预测方法。美国优势技术领域包括杀生剂、监督预测方法、化合物试剂等。

（6）中国起步较晚，近年来专利申请量上升势头强劲。在主要技术领域，中国的申请量明显低于受理量，当前的研发程度还不能满足应用需求，很多技术还需要从国外引进；在杀生剂、监督预测方法、化合物试剂等、CO_2 分离、种植播种施肥等领域还存在空白。目前具有优势的技术点包括林业、栽培，肥料以及新植物培养。

（7）在森林固碳方面，专利权人的专利申请数量不多。排名第一的专利权人拜耳作物科学公司的专利数量为 8 件，其他公司都在 3 件以下。该领域的专利申请尚未引起组织机构的特别关注或重视。

参考文献

[1] Dixon R K, Solomon A M, Brown S, et al. Carbon pools and flux of global forest ecosystems [J]. Science, 1994, 263(5144): 185-190.

[2] Malhi Y, Baldocchi D D, Jarvis P G. The carbon balance of tropical, temperate and boreal forests [J]. Plant, Cell and Environment, 1999, 22: 715-740.

[3] Goodale C L, Apps M J, Birdsey R A, et al. Forest carbon sinks in the Northern Hemisphere [J]. Ecological Applications, 2002, 12: 891-899.

[4] Climate change 2007: the physical science basis (Working group I contribution to the fourth assessment report of the IPCC) [R]. Cambridge: Cambridge University Press, 2007.

[5] Gough C M, Vogel C S, Schmid H P, et al. Controls on annual forest carbon storage: lessons from the past and predictions for the future [J]. BioScience, 2008, 58(7): 609-622.

第7章 藻类固碳技术专利分析

藻类（包括真核、原核种类）主要生活在海洋、湖泊与河流中，其同高等植物一样，通过光合作用固定 CO_2。藻类进行光合作用时，先由核酮糖 -1,5- 二磷酸羧化酶 / 加氧酶（Rubisco）将 CO_2 固定，再经过卡尔文循环合成为有机物。与陆生植物固碳相比，藻类（特别是微藻）生长周期短，具有固碳效率高、繁殖能力强、易培养、生产环节简单、适宜规模养殖等优点。

藻类固碳在 CO_2 减排中发挥着重要的作用。近年来，随着国内外 CO_2 减排压力日益趋紧，以及藻类绿色固碳和创造效益 [1] 的优点，藻类固碳已成为科学界和产业界关心的热点问题 [2-4]。尽管全球藻类（包括大型海藻和微藻）的生物总量不高（海洋光合放氧生物量不到陆地绿色植物的 1%），但其每年可固定 CO_2 约 0.95×10^{11} t，占全球净光合作用产量的 47.5% [5]，对实现人类可持续发展具有重要的意义。此外，藻类再生能源（如藻类生物柴油）作为 CO_2 间接减排 [6] 方式出现，也使得藻类固碳研究备受科学界和产业界的关注 [7]。

本章以藻类固碳领域技术为研究对象，开展全球专利分析，以揭示该领域的专利研发态势，了解主要国家 / 地区的研发分布与技术优势，并进一步剖析主要机构与发明人掌握的重要专利技术信息，为我国相关技术的研究、开发和应用提供参考建议。

本章选取了 DII 专利数据库作为数据来源，藻类固碳领域专利的检索截至 2015 年 1 月 12 日。在采集藻类固碳领域专利时，通过文献调研和专家咨询，构建了如下检索式：TS=("algae" OR "microalgae" OR "micro algae" OR "micioalgal" OR "micro algal" OR "microscopic algae") AND TS=(("carbon dioxide" OR "CO2" OR "carbon") SAME (Fixat* OR stock* OR pool* OR sequestrate* OR storag* OR transformation* OR mitigation* OR "emission reduction" OR sink OR consolidation))。通过检索，共得到藻类固碳相关专利 253 件。

7.1 藻类固碳专利发展状况分析

7.1.1 专利申请量年度变化趋势

藻类固碳专利申请量的发展趋势如图 7.1 所示。总体来看，全球藻类固碳技术专利数量持续快速增长，自 2007 年以来，专利数量大幅增长，到 2013 年，增长幅度超过 5 倍。藻类固碳技术专利的发展主要分为三个阶段：① 1975—1989 年是藻类固碳技术专利申请的萌芽状态，专利申请不连续，而且数量极少；② 1990—2006 年是藻类固碳技术专利申请的研发初期，专利申请较为连续，每年都保持了一个相对稳定的数值，但专利数量仍然较少；③ 2007—2014 年是藻类固碳技术专利的发展黄金期，专利年申请量呈现出阶梯式快速增长，2011 年开始专利年申请量每年都突破 50 件，呈现出较好的发展态势。

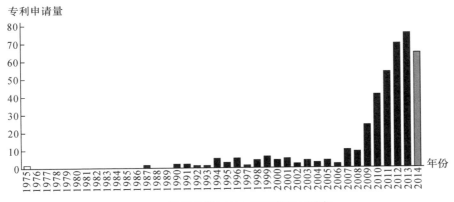

专利申请量

图 7.1 藻类固碳专利申请量的发展趋势

注：由于专利从申请到公开再到数据库收录，会有一定时间的延迟，图中 2013—2014 年，特别是 2014 年的数据会大幅小于实际数据，仅供参考。数据时间截至 2015 年 1 月 12 日，下同。

7.1.2 专利发明人与技术条目年度变化趋势

近 20 年来，藻类固碳技术不断发展，大量的新发明人不断进入这一研发领域，更多的跨行业技术和新技术也被用于推动该领域的发展。近年来藻类固碳专利发明人和技术条目的发展趋势如图 7.2 所示。

图 7.2（a）反映出藻类固碳领域的发明人随时间发展变化的情况。总体来看，发明人数量呈现出上升趋势，特别是 2009 年后新发明人数量呈现出直线上升趋势。发明人的发展主要分为三个阶段：① 1975—1989 年，发明人数量较少，藻类固碳的研发力量还较为薄弱，图中并未表示出；② 1990—2008 年，发明人数量相对第一阶段有所增加，特别是 1999 年、2007 年、2008 年这三年有较大比例的新发明人加入；③ 2009—2014 年，这个时期发明人数量呈现出高速增长的趋势，较第二阶段增长 5 倍以上，2012 年后每年发明人数量基本都超过 200 人，而且几乎新发明人占全部发明人数量的比例都接近 50%。

图 7.2（b）反映出藻类固碳的技术条目随时间发展变化的情况。技

术条目总体上保持上升趋势,并呈现出阶段式上升的特点。技术条目的发展主要分为三个阶段:① 1975—1989 年,技术条目极少,数量不稳定,图中并未表示出;② 1990—2006 年,技术条目数量虽然较第一阶段有所增长,但整体上数量较为稳定,技术条目几乎没有增长,新增技术较少;③ 2007—2014 年,技术条目数量出现快速上升趋势,特别是 2009 年后,每年都有大量的新技术条目出现,较第二阶段增长约 10 倍,技术革新速度提升,越来越多的跨行业技术被用于藻类固碳的研发与应用。

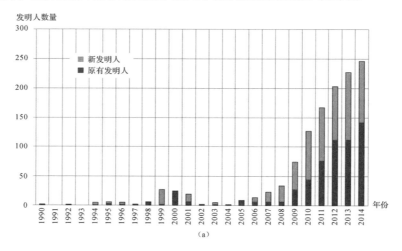

(a)

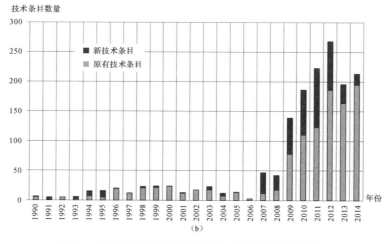

(b)

图 7.2 藻类固碳专利发明人和技术条目的发展趋势

7.2　藻类固碳专利技术分布状况分析

7.2.1　技术分布分析

根据 IPC 分类法，对藻类固碳技术涉及的应用领域开展分析，可见目前藻类固碳专利主要涉及藻类培养基、藻类培养装置、气体净化、水处理、脂油制备、微藻类等技术领域（见表 7.1）。

表 7.1　藻类固碳专利技术覆盖领域分类

序号	覆盖领域	IPC 分类小组	技术领域
1	藻类培养基	C12N-001/12	单细胞藻类及其培养基
		C12N-001/20	细菌及其培养基
2	藻类培养装置	C12M-001/00	酶学或微生物学装置
		C12M-001/04	装置的气体导入方法
		C12M-001/36	装置的条件或反应时间控制
		C12M-001/02	用在装置中的搅拌方法和热交换方法
		C12M-001/34	微生物学装置条件测量或信号传感方法测量或检验
		C12M-001/42	电气或波能量（如电磁波、声波）处理微生物或酶装置
		C12M-001/38	装置的感温元件控制
3	气体净化	B01D-053/62	碳氧化物的生物净化
		B01D-053/84	净化废气的生物方法
		B01D-053/34	废气的化学或生物净化
4	水处理	C02F-003/32	利用藻类进行水、废水或污水的生物处理
5	脂油制备	C12P-007/64	脂肪或脂油等含氧有机化合物的制备
6	微藻类	C12R-001/89	微生物藻类
		C12N-001/00	微生物本身及其组合物
		A01G-033/00	海藻的栽培
		C12N-015/63	微生物中使用载体引入外来遗传物质
		C12N-001/21	引入外来遗传物质修饰
		C12N-015/82	用于植物细胞的 DNA 重组技术

藻类培养基技术专利主要包括单细胞藻类及其培养基、细菌及其培养基。藻类培养装置技术专利主要包括酶学或微生物学装置、装置的气体导入方法、装置的条件或反应时间控制、用在装置中的搅拌方法和热交换方

法、微生物学装置条件测量或信号传感方法测量或检验、电气或波能量（如电磁波、声波）处理微生物或酶装置、装置的感温元件控制等。气体净化、水处理、脂油制备都是藻类固碳的具体应用技术。其中，气体净化包括碳氧化物的生物净化、净化废气的生物方法、废气的化学或生物净化；水处理技术主要为利用藻类进行水、废水或污水的生物处理等；脂油制备技术包括脂肪或脂油等含氧有机化合物的制备等。微藻类技术主要包括微生物藻类、微生物本身及其组合物、海藻的培养、微生物中使用载体引入外来遗传物质、引入外来遗传物质修饰、用于植物细胞的 DNA 重组技术等。

7.2.2　近年技术分布变化分析

在表 7.1 的基础上，进一步分析藻类固碳技术领域的专利申请数量、时间跨度与近年技术热点，并开展相关分析，得到藻类固碳专利申请量较多的 21 个专利技术领域及其申请情况（见表 7.2）。可以看出，相关专利技术主要集中在单细胞藻类及其培养基（28.85%）、酶学或微生物学装置（22.92%）、装置的气体导入方法（11.86%）以及碳氧化物的生物净化（11.86%）上。

从时间跨度来看，藻类培养基方面的技术出现较早，细菌及其培养基在 20 世纪 80 年代末就已经出现，单细胞藻类及其培养基在 20 世纪 90 年代初出现；培养装置方面，装置的气体导入方法、微生物学装置条件测量或信号传感方法测量或检验、电气或波能量（如电磁波、声波）处理微生物或酶装置、装置的感温元件控制在 2000 年左右出现，而装置的条件或反应时间控制、用在装置中的搅拌方法和热交换方法在 2008 年后才出现；气体净化和水处理的专利出现较早，20 世纪 90 年代初已有藻类固碳相关专利；油脂制备是 2008 年后才出现的新技术领域；微藻类方面，微生物中使用载体引入外来遗传物质、引入外来遗传物质修饰、用于植物细胞的 DNA 重组技术在 2007 年后出现。

表 7.2　藻类固碳专利申请量前 21 个专利技术领域及其申请情况

覆盖领域	IPC 分类小组	技术领域	申请量	时间跨度	2012—2014年申请量	2012—2014年申请量占比
培养基	C12N-001/12	单细胞藻类及其培养基	73	1993—2014 年	45	62%
	C12N-001/20	细菌及其培养基	10	1987—2014 年	7	70%
培养装置	C12M-001/00	酶学或微生物学装置	58	1994—2014 年	38	66%
	C12M-001/04	装置的气体导入方法	30	2000—2014 年	25	83%
	C12M-001/36	装置的条件或反应时间控制	14	2008—2014 年	8	57%
	C12M-001/02	用在装置中的搅拌方法和热交换方法	13	2009—2014 年	10	77%
	C12M-001/34	微生物学装置条件测量或信号传感方法测量或检验	12	2003—2014 年	10	83%
	C12M-001/42	电气或波能量（如电磁波、声波）处理微生物或酶装置	12	1999—2014 年	7	58%
	C12M-001/38	装置的感温元件控制	8	2003—2014 年	7	88%
气体净化	B01D-053/62	碳氧化物的生物净化	30	1993—2014 年	19	63%
	B01D-053/84	净化废气的生物方法	22	1993—2014 年	10	45%
	B01D-053/34	废气的化学或生物净化	13	1991—2014 年	5	38%
水处理	C02F-003/32	利用藻类进行水、废水或污水的生物处理	11	1991—2014 年	6	55%
脂油制备	C12P-007/64	脂肪或脂油等含氧有机化合物的制备	14	2008—2014 年	11	79%
微藻类	C12R-001/89	微生物藻类	18	2004—2013 年	14	78%
	C12N-001/00	微生物本身及其组合物	12	1994—2014 年	7	58%
	A01G-033/00	海藻的栽培	10	1998—2014 年	6	60%
	C12N-015/63	微生物中使用载体引入外来遗传物质	9	2009—2014 年	8	89%
	C12N-001/21	引入外来遗传物质修饰	8	2007—2014 年	6	75%
	C12N-015/82	用于植物细胞的 DNA 重组技术	8	2009—2014 年	6	75%

从技术热点来看，微生物中使用载体引入外来遗传物质技术领域 2012—2014 年的专利申请量达到总专利数量的 89%，表明该技术领域发展较快；单细胞藻类及其培养基技术领域 2012—2014 年仍是申请量最多的技术领域，达到总专利数量的 62%；培养装置类的技术领域（如装置的感温元件控制、微生物学装置条件测量或信号传感方法测量或检验、装置的气体导入方法）专利数量增长速度也较快，达到各自总专利数量的 80%

以上；此外，脂肪或脂油等含氧有机化合物的制备、微生物藻类、用在装置中的搅拌方法和热交换方法、引入外来遗传物质修饰、用于植物细胞的DNA 重组技术等技术领域也有较快发展。

2012—2014 年新增的主要藻类固碳技术条目如表 7.3 所示。在原料生产脂肪或脂油中的萃取法方面，新出现的技术包括从藻油中提取羧基官能团单体和中性脂质、超临界 CO_2 等温变压技术萃取微藻油脂、从完整的藻细胞分离叶绿素、将固定 CO_2 转为生物能。

表 7.3 藻类固碳技术专利新增技术条目

IPC 分类大组	技术领域 首次出现时间	技术领域	申请量	涉及技术
C10L-001/188	2012 年	液体含碳燃料的羧酸及其盐	6	将碳气体燃料流转化为脂质石油；从藻油中提取羧基官能团单体
C10L-001/19	2012 年	液体含碳燃料的酯	5	从藻类中提取中性油脂；从藻油中提取羧基官能团单体
C10M-169/04	2012 年	润滑组合物的基料和添加剂的混合物	4	从藻油中提取羧基官能团单体
C11B-001/10	2012 年	原料生产脂肪或脂油中的萃取法	4	超临界 CO_2 等温变压技术萃取微藻油脂；从完整的藻细胞分离叶绿素；将固定 CO_2 转为生物能

注：时间范围为 2012—2014 年。

7.3 藻类固碳专利主要国家 / 地区情况分析

7.3.1 主要国家 / 地区专利申请发展变化分析

藻类固碳专利受理量前 10 位国家 / 地区（基于同族专利国）的年度分布情况如图 7.3 所示，这些国家 / 地区的受理量不少于 8 件。这些国家 / 地区分别是中国、美国、世界知识产权组织、日本、欧洲专利局、澳大利亚、德国、加拿大、韩国、中国台湾。

美国在藻类固碳领域较早开始专利申请，长期处于领先地位。美国早

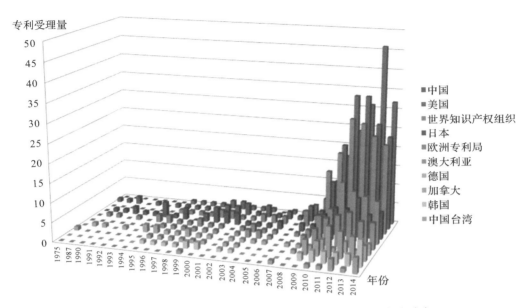

图 7.3 藻类固碳专利受理量前 10 位国家 / 地区的年度分布

在 20 世纪 70 年代就有藻类固碳相关专利受理，年度变化趋势与全球总体趋势基本一致，而且近年来其年度受理量一直位居全球前列。

中国是藻类固碳专利领域的后起之秀。中国虽在 1995 年后出现相关专利，但真正发展是在 2005 年后，且在 2009 年后发展势头迅猛，相关专利数量快速上升，2011 年后每年受理数量都超过 20 件。

日本、澳大利亚、德国相关专利受理起步也较早，但近年来专利受理量上升较慢，与美国、中国的发展速度存在差距。

此外，世界知识产权组织、欧洲专利局、韩国、加拿大等国家 / 地区2009—2014 年专利数量也增长较快。

7.3.2 主要国家 / 地区专利申请量与优先权专利分析

藻类固碳专利受理量前 13 位国家 / 地区（基于同族专利国）的排名情

况如图 7.4 所示。受理量较多基本意味着优先权专利的数量较多。从专利占比来看，美、中两国专利受理量占到全球总量的 50% 以上，大幅领先于其他国家 / 地区。日本、德国、韩国、加拿大专利受理量也较多，同时优先权专利数量也都在 10 件以上。此外，从图中可以发现，澳大利亚专利受理量虽然较多，但优先权专利数量较少，这是因为大多数受理专利为国外专利权人在该国申请的。

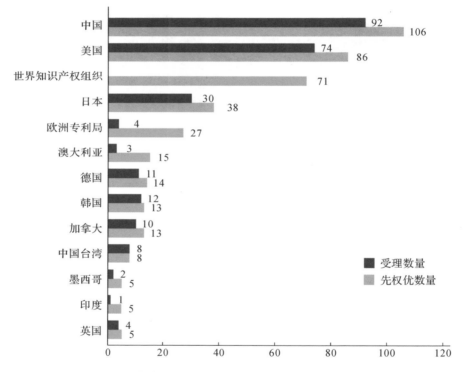

图 7.4   藻类固碳专利受理量前 13 位国家 / 地区的排名

7.3.3 主要国家 / 地区专利技术优势分析

藻类固碳优先权专利主要国家 / 地区（基于优先权国，依次是中国、美国、日本、韩国、德国、加拿大、中国台湾、欧洲专利局、英国）的技术布局情况（基于 IPC 小组）如图 7.5 所示，藻类固碳优先权专利主要国家 / 地区专利技术分布情况如表 7.4 所示。可以看出，这些国家 / 地区技术构成具有一定的相似度，专利大多数分布在单细胞藻类及其培养基、酶学或微生物学装置、碳氧化物的生物净化、装置的气体导入方法等技术领域。各个技术领域中，中国、美国、日本的优先权专利数量占比较高，基本占到各领域专利数量的 50% 以上。

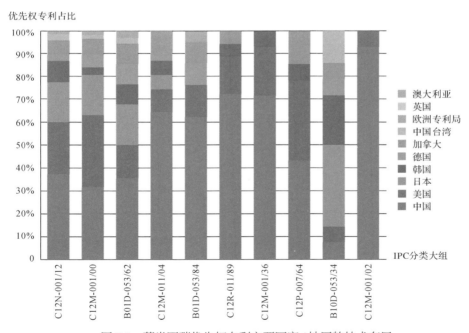

图 7.5 藻类固碳优先权专利主要国家 / 地区的技术布局

表 7.4　藻类固碳优先权专利主要国家 / 地区专利技术分布

国家 / 地区	优先权专利数量	2012—2014年专利数所占比例	TOP 技术领域及专利数量	发展较快的技术领域
中国	92	59%	单细胞藻类及其培养基（28）；装置的气体导入方法（20）；酶学或微生物学装置（18）	用在装置中的搅拌方法和热交换方法；装置的气体导入方法；水、废水或污水的生物处理
美国	74	39%	酶学或微生物学装置（18）；单细胞藻类及其培养基（17）；引入外来遗传物质修饰（7）	液体含碳燃料的羧酸及其盐；引入外来遗传物质修饰的细胞；引入外来遗传物质修饰
日本	30	3%	单细胞藻类及其培养基（13）；酶学或微生物学装置（10）；碳氧化物的生物净化（6）	藻；CO_2；微生物本身
韩国	12	42%	单细胞藻类及其培养基（7）；采用悬浮的方法的培养装置（3）；废气的化学或生物净化（3）；碳氧化物的生物净化（3）	采用悬浮的方法的培养装置；DNA 或 RNA 片段；
德国	11	18%	用电或波能的培养装置（6）；碳氧化物的生物净化（3）；酶学或微生物学装置（3）	用电或波能的培养装置；收集发酵气体的培养装置
加拿大	10	60%	单细胞藻类及其培养基（5）；酶学或微生物学装置（4）；装置的气体导入方法（3）；碳氧化物的生物净化（3）	含有糖残基的化合物的制备；乳液、气体或泡沫处理；引入外来遗传物质修饰的微生物
中国台湾	8	38%	废气的化学或生物净化（2）；单细胞藻类及其培养基（2）	在容器、促成温床或温室里栽培花卉、蔬菜或稻
欧洲专利局	4	0	应用化学物质消毒（2）	应用化学物质消毒；产生突变的方法，如用化学物质或用辐射方法处理；含有元素或无机化合物的杀生剂、害虫驱避剂或引诱剂，或植物生长调节剂
英国	4	0		专门适用于活鱼容器的水处理设备；水域的曝气
澳大利亚	3	67%	单细胞藻类及其培养基（2）	含有两个或多个单核苷酸单元的化合物；来自动物或人类的肽；细胞激活素、淋巴激活素、干扰素

　　具体来看，中国共有 92 件优先权专利，2012—2014 年专利占比达到总量的 59%，这表明中国近年来相关技术发展迅速。中国专利技术主要集中在单细胞藻类及其培养基、装置的气体导入方法、酶学或微生物学装置。近几年，中国在用在装置中的搅拌方法和热交换方法，装置的气体导入方法，以及水、废水或污水的生物处理等领域发展较快。

　　美国共有 74 件优先权专利，2012—2014 年专利占比较高，达到总量的 39%。美国专利主要集中领域同中国类似，主要为酶学或微生物学装置、单细胞藻类及其培养基、引入外来遗传物质修饰等。近几年，美国在液体含碳燃料的羧酸及其盐、引入外来遗传物质修饰的细胞、引入外来遗传物质修饰等领域发展较快。

　　日本共有 30 件优先权专利，2012—2014 年专利占比达到总量的 3%，相比其他国家 / 地区发展较慢。日本专利主要集中在单细胞藻类及其培养基、酶学或微生物学装置、碳氧化物的生物净化。近几年，日本在藻、CO_2、微生物本身等领域发展较快。

　　韩国共有 12 件优先权专利，2012—2014 年专利占比达到总量的 42%。韩国专利主要集中在单细胞藻类及其培养基、采用悬浮的方法的培养装置、废气的化学或生物净化、碳氧化物的生物净化等领域。近几年，韩国在采用悬浮的方法的培养装置、DNA 或 RNA 片段等领域发展较快。

　　德国共有 11 件优先权专利，2012—2014 年专利占比较低，为优先权专利总数量的 18%。德国专利主要集中在用电或波能的培养装置、碳氧化物的生物净化、酶学或微生物学装置等技术领域。近几年，德国在用电或波能的培养装置、收集发酵气体的培养装置等领域发展较快。

7.4 藻类固碳专利权人和发明人分析

7.4.1 专利权人分析

　　各国在藻类固碳领域的具体实力体现在专利权人的研发与应用水平上。藻类固碳专利申请量较多的前 13 位专利权人的专利数量情况如图 7.6 所示。这些主要专利权人的专利数量并不多，可见该领域的专利申请尚未引起组织机构的特别关注或重视。其中，8 个为机构，5 个为个人，专利数量都不少于 3 件；5 个来自中国，5 个来自美国，3 个来自日本。中国的 5 个专利权人中，3 个为大学或科研机构，1 个为企业，1 个为个人；美国的 5 个专利权人中，企业占据 1 个席位，其余 4 个为个人；日本的 3 个专利申请人都为企业。这些专利权人的具体数据如表 7.5 所示。以上专利权人的专利申请时间如图 7.7 所示。

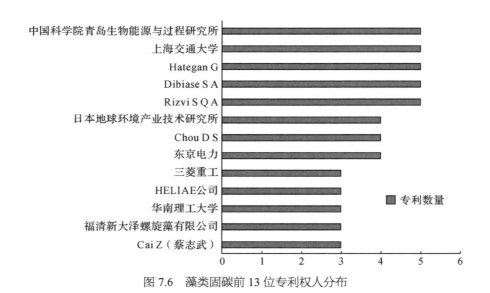

图 7.6　藻类固碳前 13 位专利权人分布

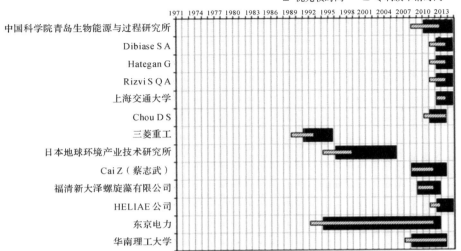

图 7.7　藻类固碳前 13 位专利权人的专利时间

表 7.5　藻类固碳前 13 位专利权人明细

所在国家	专利权人	专利数量	专利排名	占全部专利比例	TOP 技术领域及专利数量	发展较快的技术领域
中国	中国科学院青岛生物能源与过程研究所	5	1	1.98%	酶学或微生物学装置（3）；包含或适于包含固体介质（2）	包含或适于包含固体介质；酶学或微生物学装置
	上海交通大学	5	1	1.98%	从原料生产脂肪或脂油（2）；基于仅由碳、氢及氧组成成分为主的液体含碳燃料（2）；单细胞藻类及其培养基（2）；脂肪或脂油等含氧有机化合物的制备（2）	从原料生产脂肪或脂油；基于仅由碳、氢及氧组成成分为主的液体含碳燃料；自废水、污水淤渣、海水淤泥、软湖泥或类似物质制成的肥料
	Cai Z（蔡志武）	3	9	1.19%	至少有一个生物处理步骤的水的多级处理（2）	至少有一个生物处理步骤的水的多级处理；好氧和厌氧工艺；来自畜牧业的待处理水、废水、污水或污泥的性质
	福清新大泽螺旋藻有限公司	3	9	1.19%	用通风管导入气体（2）；微生物藻类（2）；单细胞藻类及其培养基（2）	用通风管导入气体；微生物藻类
	华南理工大学	3	9	1.19%	无	水、废水或污水的生物处理

续 表

所在国家	专利权人	专利数量	专利排名	占全部专利比例	TOP 技术领域及专利数量	发展较快的技术领域
美国	Dibiase S A	5	1	1.98%	羧酸及其盐（5）； 基料和添加剂的混合物（3）； 酯（3）； 仅是碳－碳双键作为不饱和部分的无环或碳环化合物（3）	羧酸及其盐； 仅是碳－碳双键作为不饱和部分的无环或碳环化合物； 酯
	Hategan G	5	1	1.98%	羧酸及其盐（5）； 仅是碳－碳双键作为不饱和部分的无环或碳环化合物（3）； 酯（3）； 基料和添加剂的混合物（3）	羧酸及其盐； 仅是碳－碳双键作为不饱和部分的无环或碳环化合物； 酯
	Rizvi S Q A	5	1	1.98%	羧酸及其盐（5）； 基料和添加剂的混合物（3）； 酯（3）； 仅是碳-碳双键作为不饱和部分的无环或碳环化合物（3）	羧酸及其盐； 仅是碳－碳双键作为不饱和部分的无环或碳环化合物； 酯
	Chou D S	4	6	1.58%	定位用设备或产品的其他支架（2）	定位用设备或产品的其他支架； 多层式或间隔式装置； 采用悬浮方法的培养装置
	HELIAE 公司	3	9	1.19%	无	来自酒厂或酿造厂废液的动物饲料； 改变食品的营养性质； 溶剂萃取
日本	日本地球环境产业技术研究所	4	6	1.58%	碳氧化物的生物净化（3）； 酶学或微生物学装置（3）； 单细胞藻类及其培养基（2）	碳氧化物的生物净化； 从培养基中分离微生物； 酶学或微生物学装置
	东京电力	4	6	1.58%	单细胞藻类及其培养基（3）； 微生物本身及其组合物（2）	微生物本身及其组合物； 单细胞藻类及其培养基； CO_2
	三菱重工	3	9	1.19%	废气的化学或生物净化（2）	废气的化学或生物净化； 溶解； 基于植物物质的固体燃料

7.4.2　主要专利权人专利保护分析

藻类固碳前 13 位专利权人专利申请的保护区域分布情况如表 7.6 所示。

表 7.6　藻类固碳主要专利权人专利申请的保护区域分布

专利权人	保护区域							
	中国	美国	WO	日本	欧洲专利局	澳大利亚	加拿大	墨西哥
中国科学院青岛生物能源与过程研究所	5							
上海交通大学	5							
Dibiase S A	1	5	1		1		1	1
Hategan G	1	5	1		1		1	1
Rizvi S Q A	1	5	1		1		1	1
日本地球环境产业技术研究所				4				
Chou D S	1	4	1		1	1	1	1
东京电力				4				
三菱重工				3				
HELIAE 公司		3						
华南理工大学	3							
福清新大泽螺旋藻有限公司	3							
Cai Z（蔡志武）	3							

美国专利权人对专利合作条约（PCT）较为重视，而中国和日本的专利权人不够重视 PCT 专利的申请，都只在本国进行了申请专利。

各主要机构在专利技术保护区域规划方面，表现出以本国市场为主的布局特点，但专利保护区域较窄。美国专利权人十分重视专利技术保护，在区域保护方面都有很好的表现，表中个人专利申请者的专利保护区域都达到 6 个以上国家 / 地区，基本都涉及中国、世界知识产权组织、美国、欧洲专利局、加拿大、墨西哥。而中国和日本专利权人专利保护区域范围普遍较窄，基本都没有为其专利申请国外保护。

国外专利权人对中国藻类固碳领域的专利保护还较弱。美国仅个人专利权人在中国申请了专利，且专利数量较少，而日本和美国的企业还未在中国申请相关专利。

7.4.3　主要专利权人合作关系分析

专利申请量前 13 名的专利权人之间的合作关系如图 7.8 所示，这些专利权人的专利数量不少于 3 件。从图中可以看出，大部分专利权人之间没有合作关系，主要以独立申请专利为主。合作主要体现在：①美国个人申请者 Dibiase S A、Hategan G、Rizvi S Q A 之间有合作，合作数量为 5 件，合作关系密切；②日本三菱重工和东京电力之间有合作，合作数量为 1 件。中国专利权人之间的合作较少。

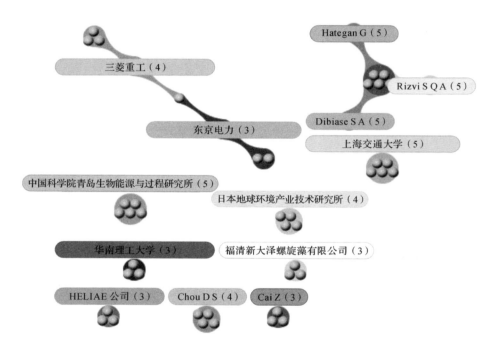

图 7.8　藻类固碳主要专利权人之间的合作关系

7.4.4 主要发明人分析

藻类固碳专利申请量前 14 位发明人的专利情况如表 7.7 所示。其中，5 位为个人，7 位来自中国科学院青岛生物能源与过程研究所，HELIAE 公司和福清新大泽螺旋藻有限公司各有 1 位。

表 7.7 藻类固碳专利申请量前 14 位发明人的专利情况

所在机构	发明人	专利数量	主要合作者	活跃年份	近三年专利数所占比例	TOP 技术领域及专利数量
个人	Dibiase S A	5	Rizvi S Q A（5）；Hategan G（5）	2011—2013	100%	羧酸及其盐（5）；基料和添加剂的混合物（3）；仅是碳 - 碳双键作为不饱和部分的无环或碳环化合物（3）；酯（3）
个人	Hategan G	5	Dibiase S A（5）；Rizvi S Q A（5）	2011—2013	100%	羧酸及其盐（5）；酯（3）；仅是碳 - 碳双键作为不饱和部分的无环或碳环化合物（3）；基料和添加剂的混合物（3）
个人	Rizvi S Q A	5	Hategan G（5）；Dibiase S A（5）	2011—2013	100%	羧酸及其盐（5）；基料和添加剂的混合物（3）；仅是碳 - 碳双键作为不饱和部分的无环或碳环化合物（3）；酯（3）
个人	Chou D S	4	无	2010—2013	75%	定位用设备或产品的其他支架（2）
个人	Cai Z（蔡志武）	3	无	2008—2011	0	至少有一个生物处理步骤的水的多级处理（2）

续　表

所在机构	发明人	专利数量	主要合作者	活跃年份	近三年专利数所占比例	TOP技术领域及专利数量
中国科学院青岛生物能源与过程研究所	Chen Y	4	Liu T（4）；Zhang W（3）；Wang J（3）；Chen X（3）；Gao L（3）；Chen L（3）	2010—2012	50%	酶学或微生物学装置（2）；包含或适于包含固体介质（2）
	Liu T	4	Chen Y（4）；Chen X（3）；Gao L（3）；Chen L（3）；Zhang W（3）；Wang J（3）	2010—2012	50%	包含或适于包含固体介质（2）；酶学或微生物学装置（2）
	Wang J	4	Gao L（3）；Chen Y（3）；Liu T（3）	2011—2012	50%	包含或适于包含固体介质（2）
	Chen L	3	Chen Y（3）；Liu T（3）；Chen X（3）	2010—2012	33%	酶学或微生物学装置（2）
	Chen X	3	Chen L（3）；Liu T（3）；Chen Y（3）	2010—2012	33%	酶学或微生物学装置（2）
	Gao L	3	Wang J（3）；Chen Y（3）；Liu T（3）	2011—2012	67%	包含或适于包含固体介质（2）
	Zhang W	3	Chen Y（3）；Liu T（3）；Chen X（2）；Peng X（2）；Chen L（2）；Wang J（2）；Gao L（2）	2010—2012	33%	酶学或微生物学装置（2）

续　表

所在机构	发明人	专利数量	主要合作者	活跃年份	近三年专利数所占比例	TOP 技术领域及专利数量
HELIAE 公司	Kale A	3	无	2011—2012	67%	无
福清新大泽螺旋藻有限公司	Zheng H	3	无	2009—2011	0	用通风管导入气体（2）；单细胞藻类及其培养基（2）；微生物藻类（2）

7.4.5　主要发明人合作关系分析

就中国发明人姓名而言，不同人的英文简写容易出现相同的情况，若不加辨别处理，会造成分析错误。因此在分析前，须先对中文发明人姓名进行清理以避免重名情况。

藻类固碳专利申请量大于 3 件的发明人之间的合作关系如图 7.9 所示。和 7.4.3 节关于主要专利权人的分析类似，主要发明人的合作体现在两个发明人合作圈：①中国科学院青岛生物能源与过程研究所的 Wang J、Chen Y、Liu T 等人的合作；②美国个人申请者 Dibiase S A、Hategan G、Rizvi S Q A 之间的合作。这些发明人合作圈的内部合作较为密切，但与其他发明人的合作较少。同时，其他主要发明人之间的合作也较少。

7.5　藻类固碳核心专利分析

核心专利是指在某技术领域中处于关键地位，对技术发展具有突出贡献或对其他专利或者技术具有重大影响且具有重要经济价值的专利[8]。

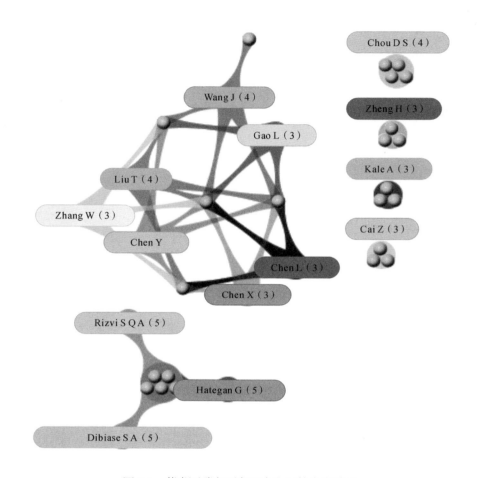

图 7.9　藻类固碳主要发明人之间的合作关系

　　本节综合考虑被引频次、技术保护范围等信息，并对专利名称和摘要信息进行判读，筛选出了多件重点专利。通过对专利详细信息的进一步解读，从中选取了 49 件核心专利，分别为被引频次最多的 9 件专利（见表 7.8）和申请国家 / 地区数量最多的 9 件专利（见表 7.9）。

表7.8 被引频次超过20次的藻类固碳核心专利

序号	专利名称	专利号	申请日期	被引频次	来源国	专利权人	技术领域	用途	优点	是否在中国申请
1	Making biofuels involves extracting neutral lipids from algae, esterifying, separating water insoluble fuel esters, distilling to obtain specific fuel esters and hydrogenating and deoxygenating fuel esters to form jet fuel and diesel fuel blends	US2012021091-A1; US8741145-B2	2012-01-26	26	美国	Kale A (KALE-Individual); HELIAE DEV LLC (HELI-Non-standard)	来自酒厂或酿造厂废液的动物饲料；食品或食料及其制备或处理；改变食品的营养性质；烃类；醋；固体的溶剂萃取；液态、溶液的溶剂萃取；水、废水或污水的多级处理	用于制造生物质燃料，包括喷气燃料、混合原料和柴油混合原料	非破坏性的提取，回收率超过90%；适用任何藻类，通过水混溶有机溶剂的梯度，回收藻类十分宝贵的极性脂类部分；得到低的中性脂质级分具有低的金属含量，提高脂质级分的稳定性，并减少后续处理的步骤；比传统方法低的提取成本	否
2	Production of a terminal alkene, useful e.g. in the plastic industry to produce polypropylene or polyethylene, comprises converting 3-hydroxy-alkanoate by an enzyme having a decarboxylase activity	WO2010001078-A2; WO2010001078-A3; WO2010001078-A4; AU2009265373-A1; CA2729187-A1; EP2304040-A2; US2011165644-A1; CN102083990-A; IN201100007-P4; JP2011526489-W; RU2011103650-A; AU2009265373-B2	2010-01-07	23	美国	Marliere P (MARL-Individual); SCIENTIST OF FORTUNE SA (SCIE-Non-standard)	细菌及其培养基；引入外来遗传物质修饰裂解酶；微生物中使用载体引入外来遗传物质；无环的烃的制备；微生物本身及其组合物；引入外来遗传物质修饰的微生物；引入外来遗传材料修饰的酵母；经引入外来遗传物质修饰的细胞	脱羧酶或微生物生产的脱羧酶有助于由3-羟基链烷酸酯生产气端烯烃化合物	处理容易和具有经济性	是

续 表

序号	专利名称	专利号	申请日期	被引频次	来源国	专利权人	技术领域	用途	优点	是否在中国申请
3	Culture system, for photosynthetic growth of microorganisms, comprises a culture tank, light arrays providing photosynthetically effective light, and a drive which causes relative motion between growth medium and the light array	WO2009142765-A2; WO2009142765-A3	2009-11-26	20	美国	ORIGINOIL INC (ORGI-Non-standard)	酶学或微生物学装置的条件控制; 单细胞藻类及其培养基; 照明装置及其装置的支撑、悬挂或连接装置; 用在装置中的搅拌方法和热交换方法	系统有助于微生物光合作用, 有助于碳固定和产品回收, 以及微生物中提取脂类中提取脂类有助于裂解微生物, 以及电力中间碳产品的可再生	提供光合培养问题的一个解决方案	否
4	Device for culturing micro-algae e.g. grease-rich micro-algae such as Chlorella, comprises e.g. air-pushing optical bioreactor, gas supply main pipe, liquid inlet/outlet pipe, algae liquid main pipe, agriculture film, shielding film	CN101280271-A	2008-10-08	19	中国	Cai Z (CAIZ-Individual)	酶学或微生物学装置的条件控制; 装置的条件控制; 单细胞藻类及其培养基; 微生物藻类	该设备用于培养有用的微藻, 如淡水微藻、咸水或海湖微型藻类或海水微藻类、金黄藻、绿藻、硅藻、蓝藻或红藻等藻类, 以及优选脂质微型藻类	器件采用工业废气、富营养化地表水或工业废水为主要原料, 特别是富油微藻、养殖微藻、微藻, 为大中型生物柴油工厂提供原料油, 实现碳减排和改善污染水域	是

续　表

序号	专利名称	专利号	申请日期	被引频次	来源国	专利权人	技术领域	用途	优点	是否在中国申请
5	Photosynthetic microorganism e.g. algae, hydroponically growing system for e.g. bio diesel, has tube distributing carbon dioxide to section of inlet end of one cradle, and handling system conveying carbon dioxide to one cradle	WO2008022312-A2; US2008052987-A1; WO2008022312-A3; EP2052073-A2; US7536827-B2; AU2007285785-A1; US2009203115-A1; CA2666162-A1; JP2010500883-W; US8234813-B2	2008-02-21	12	美国	ALGEPOWER LLC (ALGE-Non-standard); Busch G (BUSC-Individual); Dupont J M (DUPO-Individual)	水培及无土栽培；在支架上或叠放在容器中水培；选择性沉积法；絮凝；无土栽培所用专门设备；酶学或微生物学装置；收集发酵气体的培养装置；烃的制备；微生物本身及其组合物；单细胞藻类培养基；细菌及其培养基从原料生产脂肪或脂油；装置的气体导入方法；脂肪或脂油等含氧有机化合物的制备；在输送带上水培	系统用于培养水生光合生物，如微藻类和浮游生物。用途包括但不限于生物柴油、饲料、肥料和医药，以及收获、处理和分配光合微生物	经济方式提供供培养系统，排除外界过多新鲜空气，实现制冷设备经济运行	否

续 表

序号	专利名称	专利号	申请日期	被引频次	来源国	专利权人	技术领域	用途	优点	是否在中国申请
6	Carbon neutralization device for photofixation of carbon dioxide, comprises trays having aquatic culture of photosynthetic organism, and artificial light source that delivers intermittent flashes of light	WO2007047805-A2; US2007092962-A1; WO2007047805-A3	2007-04-26	11	美国	SAUDI ARABIAN OIL CO (SAOI-Non-standard); ARAMCO SERVICES CO (ARAM-Non-standard)	酶学或微生物学装置；一般植物学；除臭组合物：单细胞藻类及其培养基	用于 CO_2 光合作用固定	设备消除废气流中不可用的 CO_2	否
7	Sequestering system for sequestering small particles and carbon dioxide in coal-fired power generation process, comprises stack for collection and dispersion of flue gas and products of combustion, and cascading film	US6648949-B1	2003-11-18	10	美国	US DEPT VETERANS AFFAIRS (USGO-C)	通过吸收作用分离 CO_2	封存小颗粒和 CO_2，或用于燃煤发电过程虚拟 CO_2 零排放	产生的副产物，可用于生产肥料或动物原料，降低现有成本；与现有煤粉燃煤电厂完全兼容；产生葡萄糖作为副产物，可用于动植物生长营养；降低粉尘，具有粉尘捕集和封存 CO_2 的双重功能	否

续　表

序号	专利名称	专利号	申请日期	被引频次	来源国	专利权人	技术领域	用途	优点	是否在中国申请
8	Highly efficient, miniaturizable photosynthesis culture apparatus, for carbon dioxide fixation using particularly sunlight to remove waste carbon dioxide e.g. from thermal power plants	WO9920738-A; WO9920738-A1; JP11113558-A; CN1242801-A; US6287852-B1; IN9802300-14; CN1204244-C; JP3950526-B2; IN202134-B	1999-04-29	9	日本	MATSUSHITA ELECTRIC IND CO LTD (MATU-C); Kondou J (KOND-Individual); Nakano Y (NAKA-Individual); Miyatake K (MIYA-Individual); Honami N (HONA-Individual); KONDO J (KOND-Individual); Nakano N (NAKA-Individual); MATSUSHITA DENKI SANGYO KK (MATU-C); KANSAI DENRYOKU KK (KANT-C); Nakano C (NAKA-Individual)	酶学或微生物学装置；微生物本身及其组合物；电气或波能量（如电磁波、声波）处理微生物或酶装置	可用于固定 CO_2，如使用微生物火电厂的藻类或其他微生物，以阻止全球变暖和改善环境	具有高效率和微型化，改进光合作用，得到高产物	是

159

续 表

序号	专利名称	专利号	申请日期	被引频次	来源国	专利权人	技术领域	用途	优点	是否在中国申请
9	New dna sequence coding for corn phospho:enol-pyruvate:carboxylase - useful in recombinant dna procedures for expression of enzyme	EP212649-A; JP62048384-A; US4970160-A; EP212649-B1; DE3686007-G; JP94030587-B2	1987-03-04	9	日本	SUMITOMO CHEM IND KK (SUMO-C); Katsuki H (KATS-Individual); SUMITOMO CHEM CO LTD (SUMO-C)	细菌及其培养基；裂解酶；突变或遗传工程；大肠杆菌	新的 DNA 序列编码	PEPCase 在合物或玉米 CO_2 光合固定中起到重要作用，克隆和解码核苷酸序列基因，将协助研究并提高固碳效率	否

表 7.9　申请国家/地区数量最多的藻类固碳核心专利

序号	专利名称	专利号	申请日期	申请国家/地区数量	来源国	专利权人	技术领域	用途	优点	是否在中国申请
1	New isolated vector comprises a yeast element, a bacterial origin of replication, and genomic DNA from a photosynthetic organism, useful for transforming a cell or organism; modifying an organism, and making a product from an organism	WO2009045550-A2; GB2453648-A; US2009123977-A1; WO2009045550-A3; US2009269816-A1; GB2460351-A; US2010050301-A1; AU2008307471-A1; EP2195426-A2; CA2698627-A1; KR2010085930-A; MX2010003157-A1; IN2010020066-P1; JP2010539979-W; GB2453648-B; CN101939423-A; GB2460351-B; GB2475435-A; GB2475435-B; NZ583682-A; US8314222-B2; IL204250-A; AU2008307471-B2; EP2195426-B1; MX311255-B; GB2453648-C; GB2453648-C2; SG160575-A1; SG160575-B; KR1389254-B1; AU2013203045-A1; AU2013203045-B2	2009-04-09	14	美国	SAPPHIRE ENERGY (SAPP-Non-standard); SAPPHIRE ENERGY INC (SAPP-Non-standard); Mendez M (MEND-Individual); Mikkelson K (MIKK-Individual); Oneill B (ONEI-Individual)	含有两个或多个单核苷酸单元的化合物;来自动物或人类的肽;细胞激活素、淋巴激活素、干扰素;突变或遗传工程;微生物中使用载体引入外来遗传物质;用于植物细胞的 DNA 重组技术;引入外来遗传材料修饰的酵母;含有糖残基的化合物的制备;单细胞藻类及其培养基;引入外来遗传物质修饰;引入外来遗传物质修饰的微生物;经引入外来遗传物质修饰的细胞	该载体和方法适用于转化细胞或有机体;改造有机体;制造人工的叶绿体基因组		是

续表

序号	专利名称	专利号	申请日期	申请国家/地区数量	来源国	专利权人	技术领域	用途	优点	是否在中国申请
2	Disinfecting system for neutralising chemical and biological contamination in drinking water dispenser - uses carbon@ filter and iodine bactericide to treat water inlet of inverted storage bottle and carbon filter to remove iodine at bottle outlet neck	WO9509129-A; EP739312-A; WO9509129-A1; US5405526-A; AU9480726-A; ZA9407565-A; AU9648266-A; EP739312-A1; BR9407620-A; EP739312-A4; NZ275193-A; CN1131936-A; AU689377-B; MX185203-B; EP739312-B1; DE69415831-E; CA2172711-C; PH30731-A; KR332024-B; CN112080808-C	1995-04-06	13	美国	Sutera C M (SUTE-Individual); Sutera C (SUTE-Individual); Sutera K M (SUTE-Individual); Karl M S (KARL-Individual)	卤素或卤素化合物氧化法；食品或食品接触镜以外的材料或物体的灭菌或消毒的方法或装置；应用化学物质消毒；水、废水或污水的多级处理；水、废水或污水的处理	用于中和化学和生物污染饮水的消毒系统	当水被消耗的同时杀菌剂也被移除，这样既提高了效率也防止了瓶子内藻类的形成；该系统有效、可靠、廉价且适用于偏远地区	是
3	Producing fatty acids comprises inoculating a mixture of cellulose, hemicellulose, and lignin, inhibiting growth of microorganism strain, and inoculating mixture with algae strain	WO2009149027-A2; WO2009149027-A3; AU2009256363-A1; CA2726184-A1; EP2297286-A2; JP2011521669-W; CN102203229-A; ZA201100001-A; US2011306100-A1; EP2297286-B1; IL209749-A; AU2009256363-B2	2009-12-10	9	美国	De Crecy E (DCRE-Individual)	液体含碳燃料；基于取自碳、氢及氧组成的液体含碳燃料；从原料生产脂肪或脂油；从脂、脂油或蜡制备脂肪酸、该类脂肪酸的精制；含有糖残基的化合物的制备；脂肪或脂油等含氧有机化合物的制备	该方法用于生产脂肪防酸	纤维素是地球上最丰富的可再生资源，它能被有效转换成可用的燃料，可以解决世界能源问题	是

续　表

序号	专利名称	专利号	申请日期	申请国家/地区数量	来源国	专利权人	技术领域	用途	优点	是否在中国申请
4	Production of a terminal alkene, useful e.g. in the plastic industry to produce polypropylene or polyethylene, comprises converting 3-hydroxy-alkanoate by an enzyme having a decarboxylase activity	WO2010001078-A2; WO2010001078-A3; WO2010001078-A4; AU2009265373-A1; CA2729187-A1; EP2304040-A2; US2011165644-A1; CN102083990-A; IN201100007-P4; JP2011526489-W; RU2011103650-A; AU2009265373-B2	2010-01-07	9	法国	Martiere P (MARL-Individual); SCIENTIST OF FORTUNE SA (SCIE-Non-standard)	细菌及其培养基；引入外来遗传物质的脱羧修饰；裂解酶；微生物中使用载体引入外来遗传物质；无环的烃的制备；经的制备；微生物本身及其遗传物质；引入外来遗传物质的微生物；引入外来遗传物质修饰的酵母；经引入外来遗传物质修饰的细胞	脱羧酶或微生物生产的脱羧酶是有用的生产末端烯烃的酶；来自 3-羟基链烷酸酯的末端烯烃、丙烯、1-butylene、异丁烯、戊烯对于塑料行业（生产聚丙烯或聚乙烯塑料）、化工领域以及能源方面十分有利	此过程在提高强度、密度、可变形性和透明度方面简单、经济	是
5	Apparatus for photosynthetic cell culture e.g. algae for production of biomass for feed stocks, comprises photopanel having top and bottom ends, projections extending from first end on first one of sidewalls to distal end, support and rack	US20113061421-A1; WO2011159844-A2; WO2011159844-A3; AU2011268365-A1; CA2801574-A1; MX20112014625-A1; EP2582785-A2; CN102293370-A	2011-12-15	7	美国	Chou M D D S (CHOU-Individual); Chou D S (CHOU-Individual); Chou D (CHOU-Individual)	酶学或微生物学装置；多层式或间隔式装置；采用悬浮式的培养装置；方法的培养及其装置；单细胞藻类及其培养基；微生物藻类	该装置用于具有光合作用能力的细胞的培养（如对同喂性出口藻类）、肥料、水处理、CO_2 回收或对	该装置可确保高效、经济和超高浓度光合细胞的培养，同时对于藻类的高表面积体积比，且能预防生物膜形成以及废水排放	是

163

续表

序号	专利名称	专利号	申请日期	申请国家/地区数量	来源国	专利权人	技术领域	用途	优点	是否在中国申请
6	Removing and concentrating carbon dioxide from carbon dioxide laden air involves directing the laden air flow through a sorbent structure that binds/captures carbon dioxide, and removing carbon dioxide from structure by using process heat	WO2011137398-A1; US2011296872-A1; CA2798045-A1; EP2563495-A1; JP2013525105-W; US8500855-B2; IN201203355-P2; CN103079671-A; US2014010719-A1; US2014145110-A1	2011-11-03	7	美国	Eisenberger P (EISE-Individual); Buelow M T (BUEL-Individual); Durilla M (DURI-Individual); Kauffman J (KAUF-Individual); Tran P (TRAN-Individual)	通过吸附作用分离；用气体分析仪来控制；从气体或气体混合物中分离出气体杂质；碳氧化物的生物净化；通过吸收作用分离 CO_2；CO_2	用于移除和集中来自空气中的 CO_2，获得纯 CO_2，用于农业和化学过程，以及作为喂养藻类农场，用来生产生物能源	该系统能够有效地将 CO_2 从空气中分离而获得低成本的纯 CO_2，并且有利于防止全球变暖	是

续表

序号	专利名称	专利号	申请日期	申请国家/地区数量	来源国	专利权人	技术领域	用途	优点	是否在中国申请
7	Photosynthetic microorganism e.g. algae, hydroponically growing system for e.g. bio diesel, has tube distributing carbon dioxide to section of inlet end of one cradle, and handling system conveying carbon dioxide to one cradle	WO2008022312-A2; US2008052987-A1; WO2008022312-A3; EP2052073-A2; US7536827-B2; AU2007285785-A1; US2009203115-A1; CA2666162-A1; JP2010500883-W; US8234813-B2	2008-02-21	6	美国	ALGEPOWER LLC (ALGE-Non-standard); Busch G (BUSC-Individual); Dupont J M (DUPO-Individual)	水培及无土栽培；在支架上或叠放在容器中水培；选择性沉积法；絮凝；酶学或微生物学装置；收集无土栽培所用专门设备；发酵气体的培养装置；烃的制备；组织、人类、动物或植物细胞或病毒培养装置；微生物本身及其组合物；单细胞藻类及其培养基；细菌及其培养基；从原料生产脂肪或脂生产脂肪或脂油等含氧有机化合物的制备；气体导入方法；装置的在输送带上水培；一般植物学	该系统用于生长光合微生物，如藻类、蓝藻类和浮游生物	该系统以经济的方式培养光合微生物（如藻类、蓝藻和浮游生物），能消除外界过剩的新鲜空气，并能非常经济的运行制冷设备	否

续 表

序号	专利名称	专利号	申请日期	申请国家/地区数量	来源国	专利权人	技术领域	用途	优点	是否在中国申请
8	Method for producing oxygen, water, carbon monoxide, ammonia, nitrogen fertilizers and edible biomass on Martian soil, involves utilizing chemical-physical section to produce oxygen and water, and biological section to produce biomass	WO2013014606-A1; EP2736320-A1; IT1407167-B; US2014165461-A1; CN103826438-A; JP2014530595-W	2013-01-31	6	意大利	CENT DI RICERCA SVILUPPO E STUDI SUPERIO (RICE-Non-standard); UNIV CAGLIARI (UYCA-Non-standard); ASI AGENZIA SPAZIALE ITAL (ASIA-Non-standard); CRS4 CENT DI RICERCA SVILUPPO E STUDI SUP (CRSF-Non-standard); UNIV CAGLIARI DIPARTIMENTO DI INGEGNERI (UYCA-Non-standard); ASI AGENZIA ITAL SPAZIALE (ASIA-Non-standard)	影响天气条件的装置或方法；用 CO_2 或类似气体处理植物所用的温室；用于环境或生活条件控制的装置布置或配置；硝酸铵肥料、白泥煤、褐煤及类似的植物沉积物制成的有机肥料	该方法应用于在火星土壤中产生氧气、水、一氧化碳、氨、氮化肥和食用生物质	该方法可以捕捉和回收火星大气的 CO_2	是

7.6　小　结

本章通过对藻类固碳领域全球专利发展态势、技术分布、国家/地区分布、专利权人和发明人等开展分析，得到以下主要结论。

（1）全球藻类固碳专利在 2007 年后进入黄金时期，专利数量快速增长，技术革新速度提升，新发明人持续涌入。自 2007 年以来，专利数量呈现出阶梯式快速增长，增长幅度超过 5 倍，2011 年开始专利年申请量突破 50 件，呈现出较好的发展态势。技术条目数量出现快速上升趋势，技术革新速度提升，越来越多的跨行业技术被用于藻类固碳的研发与应用。大量的新发明人持续涌入该领域，新发明人数量占全部发明人数量的比例接近 50%。

（2）2012—2014 年全球藻类固碳热点专利技术主要在 DNA 重组、培养装置以及制备脂肪或脂油等领域上。其中，微生物中使用载体引入外来遗传物质技术、装置的感温元件控制、微生物学装置条件测量或信号传感方法测量或检验、装置的气体导入方法 2012—2014 年的专利申请量都超过各自总数量的 80%。

（3）美国长期处于藻类固碳专利领先位置，中国是该领域的后起之秀，日本、澳大利亚和德国起步虽早但发展较慢。其中，美国各类专利技术均申请较多，在单细胞藻类及其培养基、酶学或微生物学装置、脂肪或脂油等含氧有机化合物的制备等领域上专利占比较高，而在废气的化学或生物净化技术领域专利较少。中国相关专利发展迅猛，在装置的气体导入方法、净化废气的生物方法、微生物藻类、装置的条件或反应时间控制、用在装置中的搅拌方法和热交换方法等领域的专利数量具有优势。

（4）专利权人的专利申请数量不多，机构对藻类固碳领域专利申请重视不够，排名靠前的专利权人专利数量多为 3~5 件。美国的主要专利申请人大多为个人，企业申请相关专利较少；中国的专利申请人以大学或科研机构为主，需要快速进行技术转移和转化；而日本的专利申请人都为企业且申请年代距今较远。

（5）从专利保护力度来看，藻类固碳专利整体的保护力度较低。美国个人专利权人对 PCT 专利申请较为重视，但主要企业却只在美国申请专利。中国和日本的主要专利权人的专利保护区域范围普遍较窄，基本没有为其专利申请国外保护。

（6）从专利发明人来看，专利申请量较多的 14 位发明人中，5 位为个人，7 位来自中国科学院青岛生物能源与过程研究所，HELIAE 公司和福清新大泽螺旋藻有限公司各有 1 位。申请人之间合作较少，且大多为机构内部或固定发明人圈内部的合作。

参考文献

[1] Norsker N H, Barbosa M J, Vermuë M H, et al. Microalgal production-a close look at the economics [J]. Biotechnology Advances, 2011, 29(1): 24-27.

[2] 高坤山 . 藻类光合固碳的研究技术与解析方法 [J]. 海洋科学 , 1999(6): 37-41.

[3] 杨忠华 , 杨改 , 李方芳 , 等 . 利用微藻固定 CO_2 实现碳减排的研究进展 [J]. 生物加工过程 , 2001, 9(1): 66-75.

[4] Lam M K, Lee K T, Mohamed A R. Current status and challenges on microalgae-based carbon capture [J]. International Journal of Greenhouse Gas Control, 2012, 10: 456-469.

[5] 王琳 , 朱振旗 , 徐春保 , 等 . 微藻固碳与生物能源技术发展分析 [J]. 中国农业大学学报 , 2012, 17(6): 247-252.

[6] 王锦秀 , 郝小红 . 微藻制取生物柴油的研究现状与发展 [J] 能源工程 , 2013(1): 40-43.

[7] 黄坤山 . 藻类固碳 : 理论、进展与方法 [M]. 北京 : 科学出版社 , 2014.

[8] 韩志华 . 核心专利判别的综合指标体系研究 [J]. 中国外资 , 2010(2): 193-196.

第8章 总结和启示

本书分别以生物固碳技术领域的研究和技术专利为研究对象，开展相关研究。在科技发展方面，主要开展以科技文献为基础的全球和我国的科技文献计量分析，以期从整体上把握生物固碳研究的发展态势；在技术专利方面，主要开展生物固碳技术的全球专利技术领域、技术热点、国家/地区分布、机构分布、专利权人、发明人、关键技术、重点机构、保护区域等分析。本书主要发现如下。

（一）生物固碳科技文献分析方面

生物固碳作为多学科交叉的研究领域，涉及环境科学、生态学、土壤科学、地球科学、林学、大气科学、农学、植物科学、海洋学等领域，其中环境科学领域研究文献最多。2009—2014 年是生物固碳快速发展阶段，年均增长率达到 14.5%。*Global Change Biology* 是生物固碳领域作者发表文章和关注的知名刊物。

发达国家在生物固碳领域的实力明显强于发展中国家。绝大部分高产作者、高产机构来自发达国家，其篇均被引频次远远高于发展中国家。俄亥俄州立大学在该领域发文量较多，主要关注土壤过程及温室效应、退化土壤的恢复与重建、保护性耕作等研究点。

近年生物固碳研究热点集中在不同生态系统碳汇的现状及潜力、固碳减排长期效应和生态系统服务可持续性、土壤固碳研究等领域。2010 年至今，新兴的微藻固碳及生物能源制备、生物炭制备与应用技术具有广阔的发展前景。

我国生物固碳领域已形成一定的科研规模，研究主要集中在固碳机理、生物固碳模型定量化、微藻固碳及生物能源技术、生态系统服务功能评价等方面。2010—2015 年，低碳农业、节能减排再次成为我国科研热点，微藻固碳、生物质转化等新研究前沿发展快速。中国科学院相关研究所以及农林、海洋和部分综合性高校是目前国内生物固碳研究的主导力量，其中中国科学院生态环境研究中心的论文综合影响力最强。中国科学院的研究主要涉及固碳机理、碳储量分布与评估、生态系统服务功能、人类活动对生态系统固碳能力影响、微藻固碳等领域；南京农业大学和中国农业大学更侧重土壤固碳的研究；林业类大学则以森林碳汇研究为主。

（二）生物固碳技术专利分析方面

（1）海洋固碳

全球海洋固碳技术起步较晚，近几年专利数量有所增长，2008—2011 年间海洋固碳技术革新速度较快。总发明人数量呈现出上升趋势，且有大量的新发明人持续涌入该领域。

美国在海洋固碳领域专利申请起步早，总申请量和年申请量长期处于领先地位，但还未出现专利数量较多的专利权人。中国是海洋固碳领域专利领域的后起之秀，优先权专利数量达到 9 件。日本、澳大利亚、英国等国相关专利也有一定的发展，但专利申请数量较少。各国专利权人的专利申请数量不多，最多为 4 件，尚未引起组织机构和个人专利权人的特别重视。

海洋固碳涉及农业畜牧业的养殖、气体净化、碳测量设备和方法、处理方法等，近年热点专利技术主要在气体净化和农业畜牧业的养殖领域。其中，气体净化技术领域整体发展较快，通过吸收作用分离气体、生物方法净化废气技术、CO_2 等气体净化技术 2012—2014 年的专利申请量达到总专利数量的 67% 以上。

（2）土壤固碳

土壤固碳技术专利研究起步较晚，2008 年才开始出现，至 2014 年专利申请数总体呈上升趋势，但数量上还没有大的突破，至 2014 年专利数量仅 34 件。各国专利权人较为分散，专利数量还较少，专利保护意识还不强。

我国已成为土壤固碳研究专利申请数量最多的国家之一，美国次之，但我国专利被引频次远远低于美国，在专利的影响力方面还有待提高。我国研究机构和高校是土壤固碳专利的主要产出机构，企业在这方面的专利产出还很少。

土壤固碳的技术主要集中在土壤碳含量的测量、提高土壤根际微生物活性的种植方法、增施有机肥料、化肥混合使肥效达到最优化等技术领域。

（3）藻类固碳

全球藻类固碳专利 2007 年后进入黄金时期，专利数量快速增长，技术革新速度提升，新发明人持续涌入。自 2011 年开始，专利年申请量突破 50 件，新发明人占全部发明人数量的比例接近 50%。其中，美国长期处于藻类固碳专利领域的领先位置，各类专利技术均申请较多，在培养基、酶学或微生物学装置、脂肪或脂油等含氧有机化合物的制备等领域上专利占比较高。近年，中国相关专利发展迅猛，在装置的气体导入方法、净化废气的生物方法、微生物藻类、装置的条件或反应时间控制、装置中的搅拌方法和热交换方法等领域具有优势。

藻类固碳涉及培养基、培养装置、气体净化、水处理、脂油制备、微藻类等技术领域。2012—2014 年全球热点专利技术主要在 DNA 重组、培养装置以及制备脂肪或脂油等领域。其中，使用载体引入外来遗传物质技术、装置的感温元件控制、微生物学装置条件测量或信号传感方法测量或检验、装置的气体导入方法 2012—2014 年的专利申请量都超过各自总数量的 80%，发展较快。

根据上述研究发现，本书建议如下。

①关注生物固碳领域前沿热点，开展微藻固碳技术（微藻代谢机理研究、高固碳藻种及品种选育、微藻养殖技术及生物燃料转化技术等）、生物炭（制备方法、生物炭对土壤肥力及作物生长的影响机理、生物炭对土壤微生态的影响机理等）、生物系统管理、炭黑等前沿热点技术的研究，进一步推进固碳机理、生物固碳模型定量化、微藻固碳及生物能源技术、生态系统服务功能评价等已有研究，并积极探索领域内的空白点和突破点，力争在国外高影响因子期刊发表相关科研成果，提高我国在该领域的影响力。

②整合国内学科资源，加强研究机构、高校、相关企业的学术交流和技术合作，建立产学研合作机制，在我国碳减排的政策框架下，积极探索生物固碳技术商业应用模式，促进我国生物固碳技术基础研究与产业化开发的有机衔接，提高我国在该领域的国际竞争力，为我国 CO_2 减排做出贡献。

③积极布局知识产权风险相对较低、专利权人分散的海洋固碳、土壤固碳、森林固碳、藻类固碳等技术领域，对重点专利积极申请国外保护。在海洋固碳方面，研发机构较重视国际市场的专利布局，我国在进行相关专利研发和申请时，应关注相关的知识产权风险。在土壤固碳、藻类固碳方面，国外专利保护力度不强，我国应结合自身优势，积极在知识产权风险相对较低的重要领域加快专利布局。

索　引

图书在版编目（CIP）数据

全球生物固碳技术发展与专利保护 / 魏凤等编著
. — 杭州：浙江大学出版社，2019.2
ISBN 978-7-308-18827-2

Ⅰ.①全…　Ⅱ.①魏…　Ⅲ.①生物－碳－储量－研究
Ⅳ.①Q1

中国版本图书馆 CIP 数据核字（2018）第 292814 号

全球生物固碳技术发展与专利保护
魏　凤　黄开耀　周　洪　等　编著

策划编辑	许佳颖
责任编辑	金佩雯
责任校对	潘晶晶
封面设计	黄晓意
出版发行	浙江大学出版社
	（杭州市天目山路 148 号　邮政编码 310007）
	（网址：http://www.zjupress.com）
排　　版	杭州中大图文设计有限公司
印　　刷	绍兴市越生彩印有限公司
开　　本	710mm×1000mm　1/16
印　　张	12
字　　数	172 千
版 印 次	2019 年 2 月第 1 版　2019 年 2 月第 1 次印刷
书　　号	ISBN 978-7-308-18827-2
定　　价	99.00 元